狗狗的愛

Dog Is Love：Why and How Your Dog Loves You

讓動物科學家告訴你，
你的狗有多愛你

謹以此書獻給山姆——一位讓他的狗與他的父親深感驕傲的男孩。

目錄

目錄
Contents

導論

Introduction

近日我花了點時間暫時離開我的第二祖國——美國，重返原生祖國——英國。那是冬季時分，已經是下午稍晚，太陽也已完成它於一天中短暫的義務。與數以千計自城市裡的工作崗位上返家的人一樣，我信步走下倫敦市郊火車站的階梯。這些維多利亞風格火車站在建成時看起來一定很宏偉，其中某些車站在夏日陽光下依舊非常壯觀，但在像這樣一個寒冷暗淡的日子裡，它們看起來無比沮喪，老舊的暗紅色磚頭為昏暗閃爍的霓虹燈所照亮，整個輝煌華麗的環境裡充滿疲憊通勤者的悲戚心情。

彷彿是這場景還不夠慘淡，突然間車站外響起一陣急促狗吠。在階梯底部，防止人們不買票搭火車而設立的柵欄後方，一名年輕女性——其實根本只是個孩子——她用盡全身力氣緊緊地握住遛狗鍊的一端。遛狗鍊的另一端是一隻體型嬌小但活力充沛的小狗，可能是㹴犬類的狗狗。這隻小狗大聲吠叫到令人震耳欲聾。

我立即的反應是惱怒，一個討人厭的聲道被加諸於一個已經夠陰沉的場景裡。但當我走下階梯，看見這隻小狗有多麼快樂時，一抹微笑默默爬上了我的臉頰。

這隻狗自那一大群人潮裡認出了某個人。當那個人接近時，狗狗的吠叫聲由怒氣沖沖轉變為快樂，而近乎長嚎。她的小狗掌因為掙扎著想奔向認出的那人而在光滑的地板上頻頻打滑。當這男人自防止逃票的柵欄後走出時，狗狗跳進他手臂裡，親熱地舐著他的臉。我僅僅落後他一些距離，我聽到那名男子對狗狗低聲細語，試圖讓牠靜下來：「好了好了，我現在回來了。」

放眼四顧，我看見整群人臉上出現了與我一樣的表情。起初是惱怒，這乏味無趣的負擔加諸在一整日的疲勞上，然後他們不由自主地為這隻狗狗對主人的愛而感到開心。笑容擴散至人群中，輕微細碎的笑聲四起。與同伴一起旅行的人們紛紛以手肘輕推對方，簡短交談幾句。大部分形隻影單的旅人將笑容收進口袋裡，但他們的腳步彷彿裝上彈簧一樣輕巧，洩露了由車站回家的路上，這一記不曾預料的小小的、喜悅的體驗。

當我經歷過這快樂場景後，我隨之被帶回到三十年前我初次離開英國海岸後，第一次重返英倫大陸時的回憶裡，而那時我們家的狗班吉（Benji）還活著。母親開車到我在那裡長大的懷特島火車站去接我，班吉保持警覺地坐在前乘客座位上。由於在英國人們靠街道左邊行駛，英國車內駕駛座與前乘客座位和美國車剛好相反，這意味著，在我因疲勞且時差嚴重的眼中，以為班吉所坐的位置是駕駛座，這下子看來是我的狗狗開著這輛車。我滿腹困惑還來不及顯現，車輛已經停到身旁，我打開前乘客座位的車門，迎接我的是因與我重逢而狂喜的班吉。看到我的那一瞬間，班吉高興得快瘋了，就如同多年後在火車站的那隻㹴犬，也像我一樣，雖然我控制自己的情緒。

第一眼看到班吉的印象可能不是非常特別，他不過是一隻相對小型，黑白相間，自收容所領養來的雜種狗。但他對我們來說意義非凡，眉毛四周的沙棕色斑點讓他的眼睛分外有表達力，特別是在他感到困惑時。我們喜愛逗弄他，而他似乎對所有的惡作劇都感到很開心。他會豎起耳朵表示好奇，會以尾巴表達自己的快樂與自信，會以舌舔展現情感（他的舌頭很像砂紙，往往引發我兄弟與我的抗議，雖然我們很榮幸能獲得他的注意力）。

班吉、我與兄弟們在一九七〇年代一起在英格蘭南岸的懷特島長大。當我與弟弟從學校回家，我們通常會把自己藏在沙發底下，在那裡我們會聽到，然後看見班吉自後院花園跑來。十呎外，他會將自己發射入空中，然後直接降落在我們上方，以他的尾巴拍打我們，輪流舔我們兄弟倆，他小小的身體因為重聚的喜悅而抽動。顯而易見地他愛我們，或者至少對那時的我們而言，這似乎是無庸置疑的事實。

許多年頭過去。班吉短暫的一生結束；我讓自己在來去各國的生活裡忙碌著。但我對童年時期與狗的回憶持續著，也對我們之外其他物種的心智世界感到著迷。

後來我走上學術道路，我開始研究不同種類的動物如何取得知識，以及牠們如何判斷環繞牠們的世界。我想要了解動物的心智與人類的心智有何不同。到何種程度，人類判斷、思考與溝通的能力是特別的？到什麼程度，這些能力也為這星球上的其他物種所共有？人們通常很有興趣想知道到底在其他星球上有沒有會思考的生物，但我想知道的是在我們的星球上有沒有其他物種同樣會思考。

身為動物心理學教授，我的研究最初聚焦在該領域裡最常見於實驗室裡的居民：老鼠與鴿子。有十年的時間，我在澳洲居住與工作，在那裡我得以研究過去別人鮮少探討的有袋動物。那是很棒的生活時光，充滿令人著迷不已的智能難題與有趣的發現，然而我並未因此全然滿足。

有一段時間，我了解自己對於單獨研究動物行為興趣缺缺。我比較受到人與動物間的關係吸引。然後，在這星球上數以千計的動物物種裡，沒有任何一種比狗與我們有更強烈而有趣的情感連結。

回想起來，我覺得很窘，居然得花這麼久才了解到自己需要研究狗。牠們的行為如此豐富：有聞得出癌症與違禁品的狗、能安慰受創傷倖存者的狗，以及幫助視障者跨越繁忙市區街道的狗。狗與人類的關係可回溯至遠古。確實，沒有別種動物與人類擁有更為長久或深刻的關係。

人類與狗一起生活至少超過一萬五千年。這長期共享的歷史讓狗的心智與我們自己的心智以我們現在才開始了解的方法交織在一起。過去我們不了解有部分原因只是因為單純忽略；當我著手研究犬類行為，科學家們才剛開始對漠視了半世紀的狗狗研究重燃興趣。這再次浮現的關注，產生了許多關於狗引人入勝的發現，這些研究很快地讓我朝向自己的科學追尋邁步出發。

在一九九〇年代晚期，犬科學領域受到宣稱狗擁有獨特智能形式的新研究所主導。科學家們對狗在數千年來與人類緊密地生活在一起後，提出牠們演化出了解人類企圖獨一無二的方法，藉以讓這兩個物種擁有豐富、細微溝通的理論。這所謂的天才狗狗預示了這些特質讓狗成為人類最佳的夥伴，因此被認為是了解與管理和牠們之間關係的關鍵。

對於「狗狗具有認知能力，讓牠們以其他動物無法做到的方式了解人類」的這個理論，仍有許多以狗的行為與智能維生或寄熱情於此的支持者。當我初次聽到這理論時，它對我而言似乎能合理解釋狗在我們以人類為主導的星球上，獲得成功[1]的原因。然而，當我的學生們與我開始自行研究狗的行為時，這些據推測是獨特的認知技巧吹牛成分居多，就像我們試圖接近就消失得無影無蹤的海市蜃樓。

我開始疑惑：如果狗狗並沒有獨一無二的認知能力，而是另一種完全不一樣的能力？這又會是什麼樣的天賦？如果狗狗的特別之處有其他與智能無關的理由，在我們與狗狗的互動方式及我們如何照顧牠們這些事情上，又有哪些隱含的意義？

這些問題並非一夕間找上我。一如許多活躍中的科學家，我因為眼下的研究而心無旁騖。有時候專業知識可能讓外行人馬上就能看出的事物對專家來說卻變得難以辨別。所以一開始，我看不到這一點，在我認識牠們這麼久的時間以來，狗狗從未對我隱瞞牠們真實的天性。我童年時期的狗班吉，及數年前在那陰沉火車站幸福地吠叫的㹴犬，每一次搖尾巴與每一次舌舔，他們已經回答了「是什麼讓狗狗這麼特別」的問題。但真正的問題是，科學家是否看得到它？

在過去十年內，關於狗狗的研究歷經了一場革命。研究者重新發現一個犬隻科學的豐富傳統，並將經得起時間驗證的心理學工具，以及來自於神經科學、基因學與其他尖端科學領域的最新方法與科技重新應用在這傳統上。這些結果帶來關於狗狗如何思考與感受的爆炸性證據，而數據反過來讓像我這樣的科學家們開始思考那些數年前可能從未敢於考慮，較不願意承諾花費數年專業職涯的時間去研究的問題。

我與其他人在犬隻科學領域的研究探索獲得再清楚不過的發現，儘管狗狗的智力並未讓牠們與其他動物有所差異，然而我們的犬隻朋友確實有其傑出之處。這項研究所引發的爭議或驚異也許不下於早期對犬隻智力的研究，因為它直指關於狗與人類間獨特的情感連結，一個簡單但神祕的起源。這現象是如此複雜，能讓一名科學家感到矛盾，但是它馬上就能被辨識，對任何愛狗人士來說甚至是不證自明的。

狗狗具有極度誇張程度的熱情——或許可說是過度——與其他物種的成員建立情感關係的能力。這能力非常好，即便我們以人類的標準來檢視，我們可能會覺得奇怪，甚至是病態。在我的科學寫作上，我必須採用技術性語彙，我稱呼這不正常行為「超社交」（hypersociability）。但身為一名極度關懷動物與牠們福利的愛狗人士，我完全不覺得有任何理由不該稱之為愛。

許多愛狗人士能隨意地說出「愛」這字眼，在我的家居生活裡，我也是這麼做了許久。但身為一名科學家，要這麼做可是大不易。那是因為在我的工作領域中，動物擁有情感的說法對大部分的人來說一直是種「咒逐」[2]。

這「愛」的觀念在我們以執著、頑固著稱的行業裡，顯得分外地自作多情而且不精確。把這樣的概念放在狗的身上有招致擬人化的風險，這意味著將牠們視作人類而非當成一種獨立物種對待。這是科學家一直以來理直氣壯的堅持，這是為了科學的正確性，也是為了動物的福利著想。

然而我也已經被說服，至少在這方面，低度運用擬人化是可行的，或者說是合宜的。承認狗狗關愛的天性是理解牠們唯一的方式。更重要的，忽略牠們對愛的需求——是，接下來我會加以解釋，狗狗確實需要愛——跟否認牠們需要健康飲食與鍛鍊一樣不道德。

我因為一系列來自全球實驗室與動物收容所的證據而推斷出這樣的結論，證據清楚指出狗與人類一樣能感受愛。而一旦我開始檢視，我了解到狗對人類的熱情在牠們身上會以許多方式展現。我們都聽過許多狗奮起保護主人的驚人功績。關於狗狗如何應對人們遇險的研究指出牠們確實會對熟識的人類顯現出關懷，即使牠們提供救援的真實能力遠不如好萊塢希望你相信地那樣戲劇化。更令人印象深刻的是研究發現狗與牠們主人在一起時，人、狗的心跳會同步，這近乎我們在相愛的人類伴侶間心跳同步的現象。當牠們與對牠們而言特別的人類在一起，狗狗亦經歷神經系統變化，包括腦化學物質如催產素（oxytocin）上揚，這反映出人類感受到愛時所經歷的變化。狗對人類那強大的愛可追溯至牠們生命中最細微的層次內——今日洩露關於這物種心智及演化史，而科學家們急欲處理的驚人真相：狗的基因密碼。

上述這些及其他令人興奮不已的新發現促使我體會到，愛是了解狗狗的關鍵。我同時開始相信，是狗狗想建立溫暖情感連結的渴望，讓這物種在人類社會裡如此成功，而非其他特殊智能；在接下來的章節裡我將會分享滿滿的科學證據來支持這項信念。牠們的關愛天性使牠們魅力十足，讓我們無法不以善意回應，為出現在我們家門口的小雜種狗、自繁殖者處購回的純種狗，或在本地收容所裡渴望被帶回家的狗提供慰藉。

誠然，不論我們是否選擇認可其重要性，狗狗的愛是人狗關係的基石。而我主張我們有體認的職責，同時根據關於「狗有愛的能力」的相關證據而改變我們的行為。因為「狗狗的愛」這理論（半開玩笑地說，這是只有我個人使用的專有詞彙）掌握了讓我們更認識這些了不起的動物，以及更成功管理我們與牠們間關係的關鍵。如果狗有愛的能力是讓牠們與眾不同的所在，這理所當然地給予牠們某些獨特的需求。倘若能從我的研究中獲得單一結論，那便是人類必須做得更多以榮耀並回報我們的狗所帶來的情感。牠們愛我們的能力只求回報，而許多人類非常樂意遵從，即使他們對這相互崇拜的古老動能背後的科學毫無所悉。科學可以解釋我們與狗之間的親密關係，同時改善這關係。透過某些簡單的舉動例如：多撫摸牠們、減少牠們獨處時間及給予牠們所需要的機會，讓牠們生活在強大且正面情緒的關係網路下，我們可以大幅增加狗狗的身心健康。

我們生活在對於與狗相關的科學極為令人雀躍的時代。基因學與基因組學、腦科學，及荷爾蒙研究莫不勇往直前，為許多科學家還不曾問出口的問題帶來一線曙光：我們的犬隻伴侶是如何建構起跨物種間非凡的情感橋梁？在一隻狗的生命裡需要何種條件以確保情感連結的建立？狗是如何在相對短暫的時間內（以進化標準來說）發展出這樣的能力？回答這些問題成為近年來由在現代犬隻研究前線的科學家先驅們所進行某些最令人期待的研究目標。在本書中我將同時陳述他們與我的研究成果。

但光是研究狗狗與了解牠們是不夠的。我們需要取得這些知識並協助狗狗過著更豐富而滿足的生活。狗狗信任我們，然而在許多方面我們都讓牠們失望了。

若這本書有任何價值，我希望能帶領人們體會我們的狗值得更好的待遇。我們往往讓牠們陷入不快樂的生活，而牠們有資格過比現在更好的日子。牠們值得我們的愛，以便回應牠們如此無私地給予我們的愛。

這不僅僅是我身為一名愛狗人士的堅定信念，它們更是我作為科學家的合理研究結論，且數據支持這些說法。在為「認為狗有愛的能力這想法是卑劣的感情用事」而深覺愧疚後，容我在此重申，在多年後，同時還有違我的立場，我發現龐大證據支持狗有愛的能力的理論，且不曾削弱其立論。這不是一廂情願地自作多情，這是科學。

我有時會覺得不自在，在以如此冷靜、無情的懷疑態度研究動物心智多年後，最後我竟大力倡導許多人會覺得故作多情，與狗相關的觀點。但我能接受的原因是因為我堅定相信如果更多人被說服採行，狗狗會過得更好。

知道多年前我與班吉所經歷過的一切真實無誤，讓我非常心滿意足。「愛」是這段關係裡真實的本質，它存在於狗與人之間的每一次交流裡。廣大愛狗人士早已對這事了然於心，而研究者卻「喊錯樹」（找錯原因，用錯方法），堅持狗狗的獨特之處在於智能而非心靈。但至少科學終於迎頭趕上。

1 編註：此「成功」意即狗狗得以與人類擁有親密的關係，且能共同生活，成為最佳拍檔。

2 編註：此原文 anathema，意即相當令人厭惡之事物。

Chapter 1

賽弗絲
Xephos

我第一次見到賽弗絲（Xephos）時，她看來如此嬌小。部分原因來自於她的行為舉止：在人道會社的動物收容所內，她小小的軀體在柵籠裡的水泥地板上蜷縮成一個驚嚇過度的小球。在她周遭，其他體型較大的狗狗在各自的狗窩裡跳上跳下，大聲吠叫以吸引我的注意力。但可憐的賽弗絲蹲坐著，害怕到只敢從她的後方偷偷窺探陌生訪客。

收容所很乾淨，引導我穿越這些狗窩的志工流露出對狗狗任務的關懷與愛心，但還是很難不令人感到沮喪。賽弗絲的家是一個毫無遮蔽，像監獄般由鋼條與冷硬表面材料構築而成的世界：一個吵雜，無聊乏味的廣大混凝土與鋼筋結構體。她的鄰居製造的喧鬧令人精疲力盡。我只想盡快離開那裡，我相信賽弗絲與其他狗狗也有一樣的想法。

我與妻子蘿絲，和兒子山姆一起來到這家位於北佛羅里達州的收容所，因為他們決定給我「驚喜」，領養一隻狗給我作為生日禮物。我在這裡用了引號，因為他們很聰明地先讓我知道這祕密。沒有人應該以活生生的動物當作禮物給所愛的人一個驚喜；照顧另一個生命體的責任實在太大，在我同意他們的想法後，蘿絲與山姆擔負起幫我找到一隻小狗的使命，好讓我有收到禮物的感受。

二〇一二年當我們終於決定領養一隻狗時，我已經有好幾年的時間在科學領域裡研究狗，卻沒有一隻屬於自己的狗在家裡迎接我。因為幾次重大的國際搬遷及為人父母，我的生活似乎過於複雜而無法再將狗伴侶加入這混亂裡。一如過去我很感謝能與狗共享我的家，我不認為讓狗面對我們無法預期的行程及大量缺席的生活是正確選擇。過去我不認為如此，現在我還是不相信，每個人類生活裡都有一個「狗形空間」能讓小狗迅速適應。

但我的家庭終究已準備好接納一隻狗。更重要的是，我真的很渴望再有一隻家庭犬。因為工作的緣故，我不是花很多時間與人類還有他們的狗相處，就是在動物收容所裡看到非常多需要家的好狗狗們，因此工作後回到一個沒有狗的家，對我來說真的很奇怪，很不習慣。蘿絲與山姆感受到我心裡的嚮往，同時也渴望有狗作伴，便承擔了找吾家小狗的任務。

由於試圖保留驚喜成分，蘿絲與山姆避免向我求助，因此他們最後在一處我完全不熟悉的收容所裡找到這隻狗。身為專門研究狗狗行為的犬隻科學家，我過去曾在佛羅里達州此區多間收容所內進行研究。但我與同事們之所以略過這家人道收容所，是因為收容所內許多「居民」的行為都有嚴重的問題，我們擔心會對協助我們進行實驗的年輕學生造成危險。進入這家收容所的狗若理解如何與人類溫和溝通，早已尋得好歸宿。因此這家收容所——一所零安樂死的動物收容所——留下一大群不知該如何以人類渴望方式來行為的狗。姑且不論牠們是否真具有危險性，這些可憐的動物們顯然毫無頭緒，不知道該如何向人類表達牠們也可以成為好伴侶。

這悲傷的處境遠在你踏入收容所前即一覽無遺。主要的狗籠區是如此吵雜，你在停車場就可以聽到刺耳的吠叫聲。一旦你與這些狗狗面對面，牠們展現的行為全然與歡迎你背道而馳。我同事們與我對這家收容所的使命，及他們拒絕對進了這大門後的所有動物進行安樂死，表達最高敬意。但我們覺得我們無法在那裡進行實驗，純然是對學生的人身安全考量。

因此我不曾想過去這家收容所找尋吾家小狗，若是我主導這次任務——還好不是我主導。

在前往收容所的前一天，蘿絲與山姆進行了一趟偵察行程，先行到這家收容所——他們迫不急待地想再回去，只為一個簡單的理由。碰巧在他們拜訪的前一天，收容所裡來了一隻新的小狗。這隻狗還待在相對較安靜（但還是很吵）的隔離區，還未被放入主要的狗籠區。

蘿絲與山姆回家後對於他們所發現的小黑狗非常興奮。第二天，對於他們在一處就我所知，所有狗都會在大倉庫般的空間裡服終生刑期的收容所內，發現一隻聲量很小的狗，我覺得很困惑，於是與他們一起去和賽弗絲見面。

而她是一隻如此膽怯的小東西。我們發現她時，她大約十二個月大，但她看起來更小。不像其他與她同處一室的狗，我們進入時她嗚咽的時候比吠叫更多，一旦被放出她自己的狗窩，她在地上打滾以腹部示人，還撒了泡尿，試圖表達對我們的尊敬。她把小尾巴塞進後腿間，緊到一隻狗能做到的最大底限。她舔我們的手，當我們趴到與她等高的距離時，她想舔我們的嘴巴。她施展了犬隻行為裡，為表示尊重與渴望形成情感連結的全套招式。她似乎在説，竭盡所能地盡力訴説：「我是你的狗。帶我回家，我會忠誠地愛著你。」這是極具説服力的主張，我們馬上簽下收養她的同意書。

我們後來知道賽弗絲生命的第一年過得很艱辛。她出生在這城市的另一處收容所。她的母親被棄養、懷孕，這小垃圾全身沾滿蟲子。隨著時間過去，賽弗絲變得健康，並且找到願意收養她的人類家庭。然而她的第一個家庭決定不再收留她，於是賽弗絲回到收容所，獨自一個，很害怕，渴望有第二次機會。

到了這個階段，我對於在收容所內的狗了解得夠多，我知道賽弗絲的故事常見得令人哀傷，絕大多數的狗淪落至無家可歸，並不是因為牠們自己的過錯。然而自從我們接她回家，我仍舊無法不看著她，等著觀察到底是何種不可原諒的壞習慣讓賽弗絲被第一個人類家庭棄養。目前還沒有這類事物發生過，這是這個精緻的小生物將帶來許多令人愉悅的驚喜中的第一個，以及她將教導我們無數課題中的第一課。

在撰寫本書時，賽弗絲大約八歲大。她還是像我們初次相遇時那樣地迷人與好相處，或許更加如此。漸漸地，在她與我們在一起後的頭幾週裡，她擺脫了羞澀，取而代之的是強烈而快樂的個性。雖然她的毛色是深黑色，卻讓所及之處都光亮起來。她再也不是膽怯的小狗，小尾巴緊緊塞在後腿間；現在訪客們再也無緣見到一個附屬物，而是有自尊且正直的性向展現。她是一個非常了不起的英雄角色，我常驚訝於實際上她是何等嬌小。她總是搶頭香在門邊向客人致意——當聽到腳步聲接近，門鈴響起時，她會大聲吠叫，然後當大門打開時，她會對著認識的人滿懷喜悅地嚎叫。她也知道她最好朋友的車子發出的聲音，當他們走向大門時，她會嗚咽而非吠叫。

在每件她與人類一起做的事情裡，賽弗絲都流露出感情。即使我明白引發她陪伴性的原因，我還是不禁驚奇不已。但當我們帶她回家時，她的親密天性對我來說近乎不合理，又或者近乎神奇，一如今日她對我們來說。

當然，先前我與狗同居過，我知道牠們對我們這個物種的回應能有多溫暖。然而，身為一名研究狗狗行為的科學家，我對狗生命裡顯著的情感層面缺乏參考架構。在我們發現賽弗絲時，「狗有愛的能力」這想法，或者說牠們確實擁有情緒，對身為犬隻心理學家的我來說是一種咒逐[11]。的確，它是如此背離科學討論狗狗的語彙，我從未思考過這件事。

而在我專業生涯的這時間點上，我對關於狗的認知能力其他方面的公認觀點也開始產生質疑。沒多久，懷疑論將引領我與狗的內在生命及讓牠們之所以成為今日樣貌原因的意識危機面對面。這項檢視促使我走上從根本改變與狗的關係的發現旅程——不只是賽弗絲，還有那些還被關在收容所內不幸的狗狗，和這了不起的物種那些曾令人熟悉而遭誤解的部分。

賽弗絲進入我的生命裡，為我對狗的想法帶來了轉捩點。那時的我，掙扎著在對犬隻認知科學研究與狗在人類社會取得成功的一系列主流觀點間取得平衡。這些主流想法聲稱我們現有的人犬關係，是以將狗視為家庭中的毛小孩為基礎而發展出來的。

一九九〇年代晚期，當研究者們幾乎忘記那些願意趴在他們腳邊休息的小傢伙時，兩名科學家獨立發表理解這物種及牠們與人類關係的新方法，重燃人們對犬隻心理學的興趣。執教於匈牙利布達佩斯羅蘭大學（Eötvös Loránd University）的亞當・米克洛希（Ádám Miklósi），與當時還是美國喬治亞洲亞特蘭大埃默里大學（Emory University）學生的布萊恩·海爾（Brian Hare，現為北卡羅萊那州杜克大學教授），兩人來自全然不同的背景，卻得到同樣的結論：狗狗具備獨特的智能形式，讓牠們能夠以其他動物無法做到的方式與人類相處。

起初海爾研究黑猩猩，而非狗的社會智能。由於牠們是動物王國裡現存與我們最相近的近親，黑猩猩成為任何想了解為何人類認知能力很特別時，自然會想到的研究物種首選。海爾對於人類能在動物王國裡如此出眾的古老謎題非常著迷。至少自達爾文以來，科學家們致力於找出人類心智與其他物種間差異的原因，這問題典型的回答如下：如果你發現某件只有人類能做到的事，在黑猩猩身上測試；如果黑猩猩做不到，極有可能那些與人類在基因血緣關係上較遠的物種也做不到。

當時海爾正在測試一項對人類來說似乎非常簡單的能力。如果我知道而你不知道，你想要的某件東西被藏起來，我只要用我的手指向你，便能與你溝通那物件的位置所在。海爾想知道這是否為社會認知獨特的人類形式，亦或黑猩猩可能會理解基本示意手勢的含義。

海爾的實驗很簡單，他將兩個杯子倒過來放，並擋上屏風讓黑猩猩看不到，將一塊食物藏在其中一個杯子裡。屏風撤掉後，海爾會指著藏有食物的杯子。若黑猩猩選擇食物被塞入的那個杯子，那意味著她了解人類手勢的意涵。

實驗結果顯示海爾的黑猩猩隨意選擇杯子。儘管這個測試聽來非常簡單，對黑猩猩們來說還是難以理解。海爾認為黑猩猩的失敗很不可思議，因為他很確信連他家裡的狗都能輕易達成這個任務。當他與導師邁克爾·托馬塞洛（Michael Tomasello）討論時，托馬塞洛向他保證腦只有核桃大的狗狗絕無可能做到黑猩猩做不到的事。

然後事情就這樣發生了，下回他與童年時的狗奧利奧（Oreo）一起時，在父母的車庫裡他分別在他左右兩邊的地板上各放一個倒過來的杯子。他藏一塊食物在其中一個杯子裡，並假裝也在另一個杯子下藏進食物時，他的狗耐心地等待著。然後他指向藏有食物的那個杯子，奧利奧毫不猶豫地跑向裝有誘餌的杯子。

海爾相信他的狗絕非只是嗅出食物藏匿的位置，畢竟奧利奧在海爾站在兩個杯子間而未曾指向任何一個杯子時，她並不知道該往何處去。似乎奧利奧能理解海爾的示意手勢——因此這個小腦家庭寵物能擊敗腦子比較大的人類的近親（黑猩猩），成功做到牠們做不到的事。

之後海爾前往麻塞諸塞州的一處狼群保護區，對幾隻人工養育的狼進行相似測試。所有的狗都是狼的後代，所以透過測試牠們的野生近親，海爾想檢視的是狗成功達成這項測驗的能力是否遺傳自祖先，或是在進化過程中首次發展而出。

海爾的狼群保護區測試結果顯示狗在這方面確實很特殊。他發現狼群們不像狗，他的示意手勢對牠們沒有任何意義。面對海爾的示意手勢時，狗的野生表親們和黑猩猩一樣毫無頭緒可言。

在世界另一端，匈牙利科學家亞當·米克洛希當時正獨立進行一項與布萊恩·海爾所做的測試幾乎一模一樣的試驗，並取得基本上完全相同的結果。海爾的狗狗研究之路或許可稱為「順猿而下」，而米克洛希的研究則是「與魚群逆流而上」。米克洛希在匈牙利完成動物行為學訓練——這樣的科學家聚焦於自然棲息地的動物行為研究——原本他工作的實驗室研究的是小型魚類，但到了一九九〇年代中期，實驗室主任決定著手調查與人們生命有較直接相關的動物，米克洛希於是開始研究狗而非魚類。他的研究團隊想知道狗與人類在心理與行為上能否演化到相互理解。對海爾與奧利奧在亞特蘭大的行為一無所悉，米克洛希與學生們在布達佩斯單獨進行了完全相同的試驗流程。他們先測試寵物犬依循人類示意手勢的能力，發現牠們能取得高度成功。他們又在布達佩斯針對人工飼養的小狼進行測試，結果狼群們無法透過人類手勢順利找到食物。

在分析這些研究與其他相關實驗後，海爾歸結出狗具有遺傳易感性（genetic predis-position），在數千年間「與人類共同生活」殖入牠們基因內，讓牠們了解人類的溝通意圖與認知某些人類社會智能。海爾主張這是每隻小狗與生俱來的能力，同時自發性地在每一隻狗身上發展，即使缺乏人類經驗，沒有從事過人類做的活動。海爾不否認透過反覆訓練來教導其他物種成員模仿狗能做的事，有可能出現成功結果，但以他的實驗經驗來說，只有狗生來能以此方式了解人類，這是牠們與這星球上所有其他非人類的動物之間的關鍵差異。

當海爾在二〇〇二年首次出版他的研究結論時，我真的很興奮——當時我的專業生涯也來到需要新事物充電的時刻。那一年我初至美國，在佛羅里達大學心理學系擔任副教授，那之前的十年間，我任職於西澳大學，在那裡研究諸如脂尾袋鼩等有袋動物行為，這是一種極其漂亮，像老鼠的小動物，腦組織僅十分之一盎司重，但學習速度很快。移居佛羅里達固然很令人歡欣鼓舞，但這同時意味著我必須離開讓我著迷不已的有袋動物研究領域。那時我還沒有想到將注意力轉至狗身上，但當我讀到海爾的研究時，一種腦部組織裡不具有任何特殊天賦的犬科動物竟能獲得這種眾所周知，只存在於人類腦部構造的生物身上的認知形式，這想法深深吸引了我。

海爾的研究約在第一篇提供狗 DNA 基因分析的論文發表時，開始出現在科學文獻間。遺傳學家的研究發現為「造成狗如此獨特的原因」這議題的複雜性質，增添了格外迷人的不同層次。

遺傳學家估算一種物種的發展歷史，是透過將這物種與近親物種對比，而來自瑞典、中國與美國的研究皆指出，狗被馴化的過程，以演化標準來說極度迅速。相較於那些歷經數百萬年才出現顯著變化的大數量長壽物種，像狗的最近親祖先——狼，狗上場最多不過是數萬年前的事。狼群們通常每年僅繁殖一次，並在出生第二年後才達到性成熟。就我們聽來算年輕，但相較於其他動物，這是非常緩慢的生命週期。演化速度與個體製造下一代的時間息息相關，所以每兩年才能繁衍一代子嗣的動物當然會演變得很慢。

於是這兩道平行的研究軸線在我心中交織了起來，如果狗狗真的幸運地擁有天生就了解人類的特殊能力，一如海爾所宣稱，那麼牠們一定是在演化之眼眨了一下的瞬間獲得這能力。我開始懷疑牠們是如何這樣快速地得到這能力？

正當這個問題在我心中成形之際，能協助我解答這問題的學生出現了。莫妮可・烏黛爾（Monique Udell）同時擁有心理學與生物學背景，而且有極大能力處理純粹且血腥的艱辛工作。更重要的是她也願意承擔與一名想研究他從未曾研究過的物種的導師開始進行博士學位攻讀的風險。一起共事後，莫妮可與我開始探索關於犬隻演化與認知中令人雀躍不已的新發現背後的意義。

我們對在某些家居環境裡的寵物犬重複米克洛希及海爾的示意手勢實驗，它非常容易執行，而我們的研究結果完全符合海爾與米克洛希的實驗結果：寵物犬確實對人類行動與意圖非常敏感。

我們將食物藏在置於地板上的兩個容器之一裡，當莫妮可指向藏有小零嘴的容器時，狗狗會準確地跑向那個容器，好像牠們也已經讀過那些科學報告一樣。[12]

儘管我們發現實驗結果完全合乎海爾與米克洛希對於狗的結論，我們還未解決更大的疑問：是什麼導致狗快速演化出了解人類手勢的能力？狗又是如何獲得這技能？

莫妮可與我將注意力轉向這問題後沒多久，調查機會不請自來，位於印地安那的研究機構「狼公園」（Wolf Park）的管理者邀請我們前去測試他們的狼群。

讓我成為一名大學教授的原因裡不包括超凡的體魄，所以對於承認坐在狼公園教育大樓裡，聽著首席策展人派特．古德曼（Pat Goodman）的強制性狼群安全演講時，經歷相當程度的驚恐不安，我完全不覺得丟臉。

與狼公園居民互動的規則相當直接了當。你不應直視一匹狼，但你也不能將視線抽離牠片刻。重要的是不要隨意做出任何突然性的動作，不過同樣重要的是不能站得筆直，雙手漫無目的地垂在身體兩側。如果你太過於靜止不動，狼群可能會將你誤當作咀嚼用的玩具，派特解釋道，聽來完全無法令人放心。但派特表明，真正重要的事是千萬不要絆倒在木頭或兔子洞上，顯然很難將一匹狼自某人身上拉開。

在這場一個多小時的流程說明會裡，我被一匹二百磅重的灰狼會對一名弱小的心理學系教授做出何種壞事給徹底地嚇壞後，終於要面對我的研究對象。是時候在這寒冷的九月天裡把自己穿得暖暖地走向狼公園入口了。

狼公園是廣大平坦的印地安那州中部，平緩丘陵地上的一處綠洲。狼公園入口處之外只有一望無際的平原，但狼公園坐落處的地形提供了有利於休憩的位置，小溪潺潺，幾處林木蔥鬱的角落，還有一個優美大湖泊供狼群嬉遊其間。狼公園是在數千英畝的大豆與玉米田間的少許樹叢，因而成為鳥類避難所，為這美麗景緻添增了快樂聲道。它確實是一處極其美麗動人的地方，但必須承認我不確定在我們的初訪行程中，到底看到了多少。大部分時候我都專注在即將走入牠們家園的大型食肉動物身上。

真相與恐怖的時刻在莫妮可與我走進狼公園入口時終於到來。我才剛踏進鐵鍊柵欄旁的大門口，其中一隻老狼倫基（Renki）便朝我走來。我還來不及將雙手從口袋裡伸出，牠已經將前腳重重地放在我肩上。

在倫基用力舔我的雙頰之前，我僅有時間想著：「再會了，美好的世界。」剎那間我明白了被接受進入狼公園的感受，而我可以告訴你，可以僥倖地全身而退可不是其中一小部分。我無所事事地站在那裡一會兒，慢慢地認識我的新夥伴與研究對象。最後，一旦我覺得在狼群間能舒適自處，且對狼群們來說，我的存在並不令人憎恨，便著手進行來到狼公園的測試實驗。

莫妮可與我應邀前來狼公園，因為工作人員聽說了布萊恩·海爾與亞當·米克洛希實驗室的新研究。特別的是，他們注意到關於狗具有遵循人類行動指涉的獨特能力主張，並提出疑義——根據海爾的實驗，這能力是狗專有，而其他包括狼群在內的動物所沒有的。

這星球上可能沒有幾人能比狼公園的工作人員及志工們，對狼群行為有更細微的觀察與了解。自一九七四年起他們採取人工飼育幼狼，擔任代理雙親撫養牠們長大，於是這些野生動物接受人類成為社會同伴。首席策展人派特·古德曼與狼公園創辦人艾理希·柯林哈瑪（Erich Klinghammer）讓這門技術臻於至善完美，在幼狼出生後的頭幾週裡，讓一名人類「母親」與幼狼一天二十四小時，一週七日相處在一起，於是狼群在成長過程中，看著人類在牠們的周遭環境裡，成為牠們生命中社會結構的一部分。派特與許多狼公園的工作人員在家裡也養狗，所以他們在工作時間與狼為伍，閑暇時候則有狗相伴，這樣的安排提供工作人員們關於人工飼育的狗與狼群間相同與相異處的最佳參考。

正是這群對狗與狼群擁有獨特而廣博見識的人主動與我連絡，告知我海爾與米克洛希的結論有誤。狼公園工作人員們在工作與生活中得到不同的印象，他們每日相處的狼群們對人類所做的事，其敏感度一如他們回家後見到狗的表現。

海爾與米克洛希分別以狼群測試過這問題，當然，他們也各自歸納出狼群無法理解人類手勢的結論。對於他們的發現，我沒有任何憤世嫉俗的理由，特別是他們分別來自大西洋兩岸的獨立實驗室。但，至少我認為自己來做一次狼群實驗會是有趣的經驗。狼公園工作人員的懷疑論點也點燃了我的好奇心。是否有可能，在海爾與米克洛希研究中，分別在麻省狼保護區及布達佩斯寓所裡，以人工養育長大的狼群不具備該物種的代表性？

我過去從未有過與狼群如此親近的經驗，我對牠們令人生畏的力量及顯而易見的智能，同樣是印象極度深刻。這群狼的身型是最大型的狗（我立即想到大型犬如愛爾蘭獵狼犬），但不似反應通常較慢的大型犬，灰狼反應極快，真的非常快。倘若一隻兔子自牠們的入口處蹦出來，碰！牠們剎那間就能抓住牠。牠們像專業人士一樣獵殺，冷靜精算，毫無情面。

與牠們的致命性同樣引人注目的是其社交性。狼群們彼此間，以及與牠們熟識的人類間的情感互動是豐富且觀察起來相當動人的。牠們呈琥珀金黃色的眼睛在當下因強烈的存在感而熠熠發光，我個人深感榮幸得以進入牠們的生命裡。

我也認知到在科學領域內，謹慎總比魯莽好。在與工作人員聊過、上過安全演講課程、踏進狼公園裡向狼群們自我介紹過後，莫妮可與我選擇不要賭我們的運氣。我們退出狼公園，讓與這些動物較為熟悉的人們為我們進行第一輪的示意手勢實驗。與其自己處理藏匿誘餌的杯子與親自執行示意手勢，我們在場外對著進行這場測試的三名狼公園工作人員大聲喊指令。我們全都同意這會是較安全，同時也較可能揭露狼群真實能力的做法。我們希望隨時間過去，一旦狼群習慣我們後，莫妮可與我可以自行處理這實驗的部分作業，但在我們的初訪行程裡，為增進成功機率，我們讓通常對陌生人非常警醒的狼群，與牠們熟悉的人一起進行實驗。

幾名實習生協助清掃一處閑置狼公園內的垃圾，狼群一隻隻被帶入進行測試。派特・古德曼與兩名員工輪流扮演下列三種角色之一：站在兩個容器間並指向其中一個容器；在每次測試完成後，站在十呎外誘使狼回到起點；及四處晃晃確保在場人員安全無虞。莫妮可與我在柵欄後喊指令，並持續提供切成小塊的夏日香腸給我們強悍勇猛的合作者，用以獎賞狼群做出正確選擇，哄牠們在完成測試後回到起點。

花了點時間實驗才開始，但當大家各就各位，所有事情都就緒後，莫妮可與我很快就目瞪口呆：狼在實驗裡的表現與狗的最佳表現一樣好。

那一刻，我們的研究讓看似已成定局，關於狗與狼的認知能力差異，變得複雜難解。對於像我這樣習慣翻開石頭來看下面可能藏了什麼東西，整個世界都繞著需要找出答案的問題的科學家來說，像這樣的時刻是罕見的震撼。巧合的是，我們初訪狼公園那日是我的生日，而這項結果是我目前為止收過最難忘的生日禮物——當然，撇開賽弗絲不提。

在對這驚人成果的最初興奮之情冷靜下來後，我們對狼公園裡其他幾隻狼也做了同樣實驗。我們發現同樣的行為模式一再上演，持續地重複。這些狼群會遵循人類的示意手勢，就像任何一隻狗那樣。

在我們返回佛羅里達的路上，莫妮可與我仔細考量導致我們所觀察的，及布萊恩·海爾「狗的天賦」理論差異的原因。我們已知道這份天賦，或任何你想稱呼狗對人類那出色的敏感度，不可能全然來自於狗的演化遺傳。不可否認地，演化（及我們稱為馴化的特殊演化案例）無庸置疑地是一個重要因素，但還有一個關鍵成分是構成動物從事所有活動的基礎，這是一個決定狗或狼在是否能閱讀人類示意手勢這件事上同等重要的角色，那就是培育（nurture），而非天性（nature）。

演化是天擇的結果，物種改變的過程來自於個別有機體生來擁有不同的遺傳性狀，有些性狀讓某些個體生存得比其他個體好，產生更多子嗣。經過無數世代後，某些性狀被選擇並傳承下去，以萬花筒般獨一無二的特質將整個物種的特質染色，其中解剖及認知特色（例如智能）為該物種的典型行為打下基礎。

馴化是一種特殊的演化案例，其機制至今仍存在許多爭論。將演化觀念介紹給這世界的達爾文，相信動物會被馴化是因為人類選擇對他們最有用的動物加以繁殖；隨時間過去，達爾文提出這項做法將會創造出全新物種的理論。他稱這種馴化過程為「人為選擇」，迥異於自然抉擇，這是他創造出用以形容大自然力量決定誰生誰死的現象。時至今日我們無法如此自信地說，整個馴化故事是由自己的物種所主導，似乎很有可能有一大塊馴化過程實際上來自於自然抉擇。不論出於自然抉擇或人為選擇，馴化都是一種演化形式——一種動物因為某些個體的存活、蓬勃發展而被選擇，傳下基因，經歷世代變化的過程。

但單純只有演化無法為人類家庭創造出一位友善的伴侶。自然與人為選擇當然皆可成為動物典型的行為及智能的基礎，但演化從來都無法獨立成就一隻狗特殊的認知與行為形式（我們傾向以「人格」來思考這形式）。這是因為儘管演化為生物鋪下藍圖，它卻無法控制藍圖被閱讀的方式。每個動物都建立在個體發展過程中的獨特經驗所讀出的基因資訊上。所以演化無法一手包辦創造一隻友善的狗。

一如腿部帶給人類行走能力是基因遺傳的一部分，我們腦部內的結構創造了我們的個性是同樣道理。所以對我們來說是事實，亦同理可證於我們的狗身上：牠們遺傳了能與人類建立關係的腦結構。但我的狗與我建立關係，對她生活中的人類行動敏感，這事實並非只是她的物種演化結果，它也取決於讓她在一個給予機會發展出能定義她的個別特質的世界。

經驗，簡言之是另一個形塑狗的行動與心智的因素。當你細想便知道這是再明顯不過的事實：畢竟，沒有小狗、小貓或任何馴化物種的幼兒是生來便被馴化的。馴化必須由個體以自己的時程透過學習來達成。最可愛的小狗若在早年生活裡未接觸人類，也會長成一隻野生動物。（回到一九六〇年代，實驗證實了這說法。在緬因州巴爾港的一處實驗室裡，約翰．

保羅·史考特（John Paul Scott）與約翰 L. 富勒（John L. Fuller）在幼犬頭四年的生活裡，以完全不接觸人類的方式養育牠們。然後當他們測試這些年輕成犬時，科學家們以研究者的說法，報告說牠們「像野生動物一樣」，而且無法靠近牠們。」

生物學家稱我們的演化史為系統發育（phylogeny），而我們的個人歷史則為「個體發生史」（ontogeny）。它是生物學與心理學上不言而喻的真理，我們每個人都是系統發育與個體發生史的結合體。我們不會像今日這般俊美、聰明而迷人，更別提謙遜了。無庸置疑地，如果不是因為演化史提供舞台，讓生命經驗回過頭來形塑我們的個性，成為今日這麼令人羨慕的樣態，我們全部人都不會是這個模樣，這對狗狗來說也是如此。每隻狗皆有他或她獨具的個性，而對於那些幸運的狗狗，牠們的個性讓牠們非常適合與人類為伴，得到伴隨而來的種種獎賞——只因為牠們基因所賦予的，及牠們生長的世界之間豐富的交互作用所致。

狗的行為與智能來自馴化與經驗養成，這想法對莫妮可與我來說一點都不新鮮，當我們自基礎科學法則來檢視時，然而它為犬隻認知的新領域提供了爭論的基礎，這是莫妮可與我在無意中不小心捲入的一個爭論。在論點的一端有像海爾與米克洛希這樣的科學家們，他們主張狗狗了解人類的能力來自於演化的獨特認知能力——這是每隻狗與生俱來的能力，而無關乎任何特定的生命經驗。在論點另一端則有科學家如莫妮可與我，相信適當的生命經驗以及正確的基因遺傳，兩者合一賦予狗狗成為人類伴侶的金鑰匙。

因為我們拒絕接受狗只是馴化演變過程的直接產物，意即牠們生來即有認知人類行為有何意義的能力，我們就必須扮演行為學界的掃興鬼角色。出版我們在狼公園的研究結果後，有名記者稱我為犬隻認知研究的「黛比·唐納」（Debbie Downer）[13]，這真的很傷人。

我認真檢討過為何我會落到如此地步。我是一個這麼深度關心動物心智，貢獻一己之力研究牠們的人，我怎麼會取得懷疑牠們認知能力的負面名聲？我覺得自己被誤解，我對狗的熱愛卻讓自己落得似乎在貶損牠們的位置上，這讓我很受傷。

我了解，對於那些不認識我的人來說，我似乎在說狗沒有什麼了不起的特質或天賦。但我不是試圖否認牠們確實有獨到之處。相反地，狗與人類間特殊的情感連結第一時間吸引我將牠們視為研究主題。就像狼公園那些愛狗的工作人員，我只需要看向自己的起居間，在那裡，賽弗絲通常會舒服地坐在沙發上，在我讀最新的科學報告與流行媒體文章時緊偎著我，追蹤著莫妮可與我的研究所點燃一發不可收的怒氣，為我的日常工作找到啟發與動力。

狗狗很特別，關於這一點我從來都不曾懷疑過。我只是對於馴化理論所說的讓狗獨特之觀點覺得懷疑。我願意被貼上「黛比·唐納」的標籤，那是一名科學家的榮耀勳章，我不打算認同連自己都無法接受的關於狗狗的觀點。身為一名愛狗人士，我下定決心窮究到底，找出讓狗獨一無二的真正理由。隨著我對狗的認知及牠們在人類社會裡的生活愈來愈了解，我開始意識到，擾動這領域的爭議不只是學術上的爭論，還有許多其他的部分——最重要的是為了狗狗們。

除了測試狼群與狗遵循人類手勢的能力，莫妮可與我，還有另一名好友與合作科學家妮可‧朵瑞（Nicole Dorey），在一所位於我們的研究總部——佛羅里達州甘斯威爾（Gainesville）的收容所裡進行完全一樣的測試，但結果不如預期。

在收容所裡的這些狗狗中，沒有任何一隻了解我們手指向地板上容器的意義。每一隻都茫然地看著站在兩個容器中間，等待受測狗做出選擇的莫妮可；或狗會走出來，好好地坐在她面前，明顯地盡量以最可愛的模樣向她索討點心吃，牠知道她有食物；也有狗直接走來走去，試圖找更有趣的事做。

起初我們認為這些狗只是礙於先前與人類互動的創傷，而不相信莫妮可會善待牠們。但儘管收容所裡確實有許多以往人類讓牠們失望過，或牠們的信任為人類所背叛過的狗，為了這項研究我們細心選擇了明顯樂於與人為伴的狗，將牠們帶出狗窩，和牠們一起玩，給予超越平日水準的零嘴。然而與莫妮可一起進行測試的狗狗似乎無法理解她的手勢意義。

馴化理論對於狗狗的獨特性的主張，對這些無法理解的生物們有嚴峻的影響。若我們相信狗生來具有理解人類行動與意圖的能力，一如海爾與他同事們所主張，那麼這些無法了解人類意圖的狗，便可能有某些深度的認知缺陷，導致牠們無法充分實踐狗的演化潛能。而如果了解人類手勢的能力是天生的，無法理解必然也是與生俱來的現象。這可歸結出像我們在動物收容所裡測試的狗狗單純就是較不適合與人類相處作伴。

莫妮可與妮可在本地的收容所得到沒有任何一隻狗遵從她們手勢的測試結果，可能為許多狗狗帶來可怕的後果——在這家收容所及全美許多相似的收容所裡，未被收養的狗遭安樂死仍然是標準流程作業之一，精確地說在全球各地也是如此。如今每年有數百隻狗因為找不到人類家庭收養而犧牲性命，任何可能影響決定一隻狗得留在收容所，或與收養家庭回家的特質，不誇張，這就是生死之間的決定性差異。對身為犬隻科學家與愛狗人士的莫妮可、妮可與我來說，再也沒有任何事比了解狗狗如何在人類家庭中找到美滿、愉悅的生活更為重要的事了。

我們下定決心查明這些收容所內的可憐狗狗們到底出了什麼問題，以及牠們產生這種障礙的含義。牠們是否缺乏理解人類的基因，那意味著牠們的系統發育中有些東西阻礙了牠們闡釋我們的手勢？又或者這與個體發生史有關，某些在牠們的個別歷史裡的事物讓牠們無法理解莫妮可的示意手勢？那將會合理解釋牠們的缺陷，我們衷心希望那也將會指出一條改正這問題的解決之道。

如果這些狗能夠學習人類手勢背後的意義，我們早已有一套簡單的狗狗訓練準則能讓我們把這些意義教給牠們。每次你指向狗狗感興趣的事——一丁點兒食物、一顆球，或任何其他物品——為協助她找到那重要物品，並讓她成功找到，這成功經驗有其意義。在科學用語裡，我們說狗所進行的行動已然被強化，而我們對動物行為所知的事實是：被強化的行為，在未來更有可能被重複。

這項簡單的行為機制，據我們推測，有可能足以讓狗學會人類的示意手勢。假設莫妮可在測試裡指向一處零食，而受試的收容所狗狗找到它，即便起初只是意外，狗在未來較有可能去遵從她的手勢。若這情況發生，則意味著收容所裡的這隻狗在遺傳上並未出錯。或許牠們過去無法遵從人類的手勢，只因為牠們沒有太多對於人類指向事物的互動經驗，或以前牠們沒有機會學習，又或者牠們只是忘記人類手勢背後的意義。

我們所要做的就是重返收容所，去了解是否可能訓練那裡的狗遵從人類的示意手勢。我們只需要指向藏有食物的容器，給狗狗時間去了解選擇那容器的結果。若這項訓練失敗，那可能意味著海爾宣稱狗具有演進的天生能力來了解人類的手勢是正確的，即因某些原因，一種與生俱來的能力在某些狗身上錯失了。但如果此法成功，這代表狗學會人類的示意手勢是來自於牠們對人類示意手勢的經驗，而這些經驗指出強化結果（食物）的所在位置，換句話說，那指出狗理解人類手勢的能力是透過學習養成，而非天生，如此一來，在這方面牠們便無異於其他動物，牠們與人類非同凡響的情感連結來源必然來自其他方面。

我建議莫妮可與妮可整日待在收容所裡與每隻狗相處互動，判斷她們是否能教導狗學習人類指向某物的意義。但莫妮可與妮可認為與每隻狗相處半小時應已足夠，她們的直覺是正確的。十四隻受測試狗中有十二隻在不到三十分鐘便學會遵從人類手指示意。事實上，這十二隻測試成功的狗平均只花了十分鐘就學會走向人類指向的地方。只要十分鐘，先前對伸出去的人類手臂毫無頭緒的狗，便能轉變成忠實地遵守人類的手勢。

這真是令人雀躍不已的結果：這些狗狗絕對值得被搶救下來！這發現亦指出我們必須加倍努力地去了解狗的行為與認知能力，顯而易見地，關於讓狗成為人類獨特伴侶的原因，還有許多待我們研究之處。我們也能因此幫助狗的福利，只要我們能釐清是什麼真正讓狗如此特別。

示意手勢，當然只是許多人類與狗溝通方式中的一項。而這種社會認知智能，布萊恩．海爾、亞當．米克洛希與同僚們指出，是狗獨有的能力，只是讓人們覺得狗特別的其中一個面相。在莫妮可、妮可與我展現狗理解人類手勢的能力是學習而得，而非出自遺傳時，極有可能其他形式的犬隻智能，可用以解釋理解手勢之外的特殊人狗連結。所以在我們繼續深入研究前，我們亦必須先排除狗獨具的其他智能形式。

問任何一名愛狗人士，她可以指出至少一隻狗擁有不尋常的智能。以我的個人案例來說，特殊樣本不會是賽弗絲（抱歉，親愛的！），而是一九七〇年代，我童年時期在英國的狗——班吉。

班吉在許多人眼中是聰明的狗。這表示他能證明自己有能力自屋子內逃回庭園，藉此在外在世界裡享受種種好處。班吉與我約在同時經歷青春期，但我變成一名長滿粉刺，不善言語的書蟲，他則自然而然地周旋於女士們之間。（他的項圈名牌上寫著：「嗨！我是班吉。我的電話號碼是尚克林（Shanklin）2371」，但我們之前常開玩笑，如果他真的可以，名牌另一面會寫的是：「哈囉，親愛的，可以給我妳的芳名與電話號碼嗎？」我們總想像他以倫敦東區的口音說話，因為我們覺得他是個可愛的小惡棍，是一個深受喜愛卻聲名狼藉的角色。）班吉是這些體型相對較小卻伸縮自如的狗狗們其中的一員，牠們可以擠過灌木叢下最小的溝渠，同時又能跳過某些高得驚人的牆頭。當然他另一個重要的志趣是額外的出遊活動，因為我們沒有讓他絕育。我母親不喜歡那個聲音，而我父親從不覺得這隻狗是他的責任。所以無論何時，班吉嗅到鄰近地區的女性荷爾蒙氣息，他便會跳起身來出外惹禍，然後在幾個小時後帶著愉悅而疲累的神情回家。

班吉去拜訪女朋友們的小小出遊最呼應生物學家所稱的「行為智能」。對生物學家來說，繁殖的衝動是生命的基本需求，任何能協助他達成這任務的手法都很重要。然而生育衝動不是大部分外行人聽到「智能」一辭時會想到的事物。

一般動物，特別是狗，明顯具備許多種類的智慧，那些較接近標準字典定義的「智能」，而非出去交配。在我個人眾多的偏愛中，嗅探犬那探查出人類無法感受的能力簡直是近乎神奇。我對於能嗅聞出癌症或簡易爆炸裝置的狗敬畏得五體投地，舉例來說：只是在空氣裡嗅察而已。如果我未將最聰明的狗的排行榜榜首投給嗅探犬，那純粹是因為牠們讓我印象深刻的大部分表現，來自牠們的知覺能力——牠們聞得到我們無法偵測到的事物的能力，而非實際的學習技巧或智能。

我所遇過最聰明，擁有最驚人的能力，能夠理解人類的意圖的狗，一定就是切瑟爾[14]無誤。這不只是我的個人評價，英國廣播電台（BBC）都牠暱稱為「全世界最聰明的狗」。這隻有經典黑白相間毛色的邊際牧羊犬知道超過一千二百種玩具的名字。切瑟爾擁有真正的邊境牧羊工作犬的特色：一隻需有事情使牠專注的狗，否則她會拆解傢俱。她的主人約翰・皮雷（John Pilley）是一名尋找退休後嗜好的前任心理學教授。約翰讀過關於有隻邊際牧羊犬能理解超過三百種物件，來自德國的研究，而在領養切瑟爾後，他決定自己來測試犬隻理解人類語言的極限。給切瑟爾取這名字自然是因為她熱衷於追逐物件。

當我於二〇〇九年拜訪他與切瑟爾在美麗的南卡羅萊那州內陸的家時，他們已合作超過三年。約翰在他家後陽台的大型塑膠儲物箱裡，放置了大量的玩具，他邀請我到後陽台，隨意挑選十件玩具，它們都是我們會拿給狗與幼童的玩具。在每一件玩具上，約翰都以油型麥克筆寫上一個名字。他要求我在筆記本上寫下這些名稱，把玩具帶進屋裡，把它們放在起居室後牆與沙發間的空地上。我做這些事時，為了不讓約翰與切瑟爾看見我選了哪些玩具，他們在房子前院等待。

當我準備好這一切約翰交代我做的事，我請他們回到屋內。約翰坐在沙發上，背對我放置玩具的空間，他在自己面前放了一個空的塑膠容器，示意切瑟爾坐在容器旁邊。所有事情都準備好後，約翰自筆記本上的清單讀出第一件玩具：「好，切瑟爾，去拿金魚來。」切瑟爾環顧四周，她不知道我把玩具放在哪裡。「金魚，快去，切瑟爾，去拿金魚來。」

敏捷地躍起，切瑟爾開始到處走動，找尋玩具。她很快地就發現一堆玩具在沙發後面，她把鼻子貼近地面，在那堆物件中找出金魚來。在決定那物件到底是不是金魚前，她把臉與每個物件都貼得非常近，從旁看來似乎有點像近視眼，她顯然在做著與每個人類在此情況下都會做的行為。很快地，她以嘴巴自玩具中挑撿出一件，然後帶著它跑回到約翰那裡。

「把它放在桶子裡。」約翰下了指令，指著他面前的塑膠容器。這似乎是最棘手的部分，切瑟爾很猶豫，明顯地很不情願放掉她發現的東西。「在桶子裡」，約翰再說一次。「把它放在桶子裡。」切瑟爾終於默然同意，將玩具放入塑膠容器內。

「好的，讓我們來瞧瞧。」約翰說，他將玩具取出，讀出上面的標籤。當他確認她的選擇正確時，約翰以近乎狂喜的口吻說：「看，那是金魚！它是金的，它是條魚，它是金魚！」

語畢，約翰將金魚拋丟過起居室，切瑟爾充滿喜悅地跟在金魚後奔跳。她將它撿回來，他再丟出去一次，她又把它撿回來，他再丟一次。很難說約翰與切瑟爾到底是誰比較享受這支小舞作，但經過幾輪來回跑後，約翰再次給切瑟爾指令，要她「把它放回桶子裡」，在她頸背關愛地搓揉一番後，再進行下個物件的流程。

就這樣，他們倆一起完成了我的清單。從金魚到雷達、智者貓頭鷹、亮亮、菲歐濟耶思（Feozies）、雪莉、寶藏盒、花栗鼠、番薯，到最後的米老鼠。在大部分的例子裡，約翰會給予切瑟爾一個機會去追逐她「已放進桶子裡」的玩具作為獎勵，但有時他會混合不同的手段，和切瑟爾玩一下拖拉玩具的遊戲。每回她帶回正確的物件時，他總會興奮得像爆炸般，也會充滿慈愛地撥撥她頭上的毛，或以搓揉她的脖子來結束遊戲。鮮少有科學活動比觀看這對人狗組一起工作與玩耍，來得更充滿感情又享受。

既然切瑟爾與約翰玩得這麼開心，我走到後陽台再找了十個玩具，然後我們再重複這程序一次，切瑟爾全都找對了，所以我們就再做一次，然後再一次。我忘記我們到底重複了幾次名字遊戲，但我很確定我至少看見切瑟爾依據名字挑撿了一百次。她只有一次出錯，或似乎出錯。經由縝密檢視，原來是約翰讀錯我鬼畫符般的手寫名字，而切瑟爾沒有找到他要求的事物，卻又不想讓他失望，因而帶給他不同的物件。

當達到約一千二百個物件後，約翰停止訓練切瑟爾認識新物件的名字，這只是因為他發現自己無法記得已經買過哪些玩具，而重複買了同樣的東西回家。他會興高采烈地給重複的玩具寫上新名字，把這名字教給切瑟爾（她真的很擅長，只要教一次她就能學會一個新名字），事後無意間發現他有兩個完全一樣的玩具，卻有不同的名字。一直到一千二百個玩具，切瑟爾不曾停下或減緩她學習新物件名字的速度。

我鼓勵約翰投稿至當時我擔任編輯的科學期刊；他的報告便成為《行為過程》（Behavioural Processes）所出版過最廣為閱讀的論文之一。約翰後來撰寫了一本令他這了不起的狗名垂千古的暢銷書。在二〇一八年六月，他九十大壽的前數週，約翰因白血病過世前，他們甚至還一起上了國家電視頻道。

切瑟爾的故事當然只是單一資訊，但對於她能學習如此多字彙這驚人的成功，以及她是約翰唯一這樣嘗試過的狗的這項事實，顯示學習語言的能力對任何一隻邊際牧羊犬都有潛在的可能性。這亦受到一項來自德國的研究結果支持，在這項研究中，被當成研究對象的狗擁有理解數打至數百個物件名稱的能力，牠們剛好也都是邊境牧羊犬。而這項研究啟發了約翰與切瑟爾進行長期實驗。

從表面上看，這自然像是證據，證明切瑟爾的犬種很幸運地擁有非凡的天生智能。但邊際牧羊犬還有其他不凡的特質：令人驚奇不已的工作企圖心。約翰每天訓練切瑟爾的時間約為三小時，持續訓練三年後，她對於人類語言的理解達到絕佳的流利程度。至少切瑟爾的成功祕訣有部分來自於她發現有機會追著東西跑是非常滿足的；她被強烈地驅策著去努力與約翰學習語言，因為發現玩具的行動是天生的強化因素。

大部分的狗可以被食物所驅動，但可以餵狗多少食物，以驅使牠們的行為卻有所限制，亦見仁見智。靠食物獎勵的狗無法每天持續訓練好幾小時；牠們不但會吃太飽，還很快就會過重。然而像切瑟爾這樣的狗，受到能追著一個移動的物體跑的機會刺激而工作，可以於每日以長時間進行訓練。與邊境牧羊犬相處的人們都知道，這意味著他們必須更注意這些狗的福利；若你不注意的話，實際上這種動物會讓自己精疲力盡，直到倒地為止，且輕忽傷害。正是這樣無盡的能量與狂熱的入迷，讓邊境牧羊犬成為這類研究專案理想的研究對象。只有少許犬種擁有那種驅動工作的熱情。

更重要的是，雖然切瑟爾的技能真的很令人印象深刻，但其實也相當簡單，而且可以說要感謝的是約翰．皮雷精湛的訓練，遠超過任何犬隻自己的智能。隨時間推移，約翰對切瑟爾的訓練已變得默契十足，得心應手時，看起來似乎只是約翰在與她解釋新物件的名字，就像是父母親在告訴小孩一個不熟悉事物的名稱，但這裡的作用原理在重要性上並無不同。

事情是這樣的：約翰有一個新奇物件，他能讓切瑟爾對這個物件感到萬分滿足，不論是透過把物件拋丟出去（所以她有機會追逐它並把它帶回給約翰），或是把這物件當成拉拖玩具與她玩遊戲，這隻狗熱愛這遊戲不下於追逐物件。約翰會說出像是「嘿！切瑟爾，去拿東東（Thingamajig）。」（「東東」是他即將教給她的新物品的名字）然後約翰把東東丟到他能丟出的最遠處。興奮於這超級令人開心的機會，能去追逐某個物品，並且把它帶回來給她的導師，切瑟爾彈跳起來，跑去追東東並帶回來給約翰。

當約翰說：「把東東給爹地」（爹地是他在與她談話時稱呼自己的名字），切瑟爾會進入喜歡追逐玩具的狗，被要求放棄追到手的珍惜物品時，通常會表現出的一種矛盾的喜悅。切瑟爾應該把物品交出以換得另一次去追逐它的機會，作為超棒的獎賞；還是因為這是她的獎品，她想要這獎品而保有它？（第一個選項有風險，切瑟爾從過往經驗中知道，爹地可能會把玩具放到一邊，追逐遊戲會因此暫告一段落。）於是約翰會繼續哄切瑟爾：「把東東給爹地。」一次又一次，直到切瑟爾把玩具交出。然後他再次把玩具丟出：「去！切瑟爾，去拿東東。」這個輪迴便重新再來過。

像上述情境，遊戲中僅有一個物品時，絕大多數的狗不會太注意人類用以指涉這物品的獨特聲音標記。但在我遇見他們時，切瑟爾已經有和約翰玩這遊戲長達三年時間的經驗，而約翰讓切瑟爾取回多重被命名的物件，增加了遊戲的複雜性。他只在她帶回正確物品時，給予追逐機會作為獎勵（所謂正確物品指的是他指定的。）經歷了至少百萬次與約翰玩取回遊戲後，這隻無比專注的狗早已深深了解到，單一新字彙在提供「追逐物件並帶回它」的珍貴機會上扮演關鍵角色。

若讀者們家中有隻高度熱愛追逐的狗，又剛好有大量的閒暇時光，不妨模擬這訓練模式，看看狗對字彙的認知能力會發展到何種程度。不幸的是，吾家小狗賽弗絲對追逐的遊戲興致缺缺，除非有人在後面追著她，要她把東西拿回來，而我不似熱衷健身的運動者，體能沒有好到可以一天花三小時在自家後院追著狗跑，只為試圖教她一個正經的字彙。

那麼，切瑟爾的訓練到底向我們展示了什麼意義？它顯示她可以將「東東」這個字與一個物品產生聯想，而且她知道把這物品帶回給約翰就能獲得獎勵。事物聯想的形式被認為是智能行為的基本建構之一，並見諸於所有測試過基本智能的所有動物物種身上。確實，由偉大的俄國科學家伊凡·佩卓維奇·巴夫洛夫（Ivan Petrovich Pavlov）在超過一百二十年前所發現的古典制約（The Pavlovian conditioning），正是採用狗為實驗對象。

讓切瑟爾如此特殊的原因，在於她能與不同物品產生聯想聲音的數量極其驚人。為她的字彙能力增加新物品，展現出她的長期記憶的能力，但它未曾為她所做的事增加任何真正的智能複雜度。她龐大的字彙能力完全是約翰耐心訓練她的實績證明，以及來自於她時復一時、日復一日、年復一年，持之以恆的意願。

當布萊恩．海爾提出狗有某種形式的天賦時，他確實有些想法。一隻狗以寵物犬的身分住在一個溫暖的人類家庭裡，在那裡牠無時無刻依賴著人類來獲得一切所需，如食物、飲水、庇護、享受不擔心被懲戒的安心大小號機會，將會對人類行動背後的意義變得極度且令人覺得貼心地敏銳。這事實無法全然否認，我們許多人能在日常生活裡看見這現象，你的狗似乎能讀出你心裡的想法，因為牠知道你要起身去沖咖啡，或帶牠去散步。狗狗當然能做到這些事，而這正是讓我們能如此成功而滿足地生活在一起的關鍵因素。

然而我與學生們所進行的研究，卻清楚指出狗狗因為與我們同住，而學會我們的行為背後的意義，而非出自任何天生的、不尋常的「天賦」來了解人類。我們移動的方式與行動，提供狗狗預測我們的下一步，如此牠們能學習我們的行為其背後的意義。牠們不是生來就會如此；確實，住在收容所裡的狗未必能做得到，儘管牠們學得很快。此外，其他動物也能學習這樣的能力。現在能遵循人類意圖的動物物種清單，包括其他馴化物種，如馬兒與羊群，還有未曾被馴化的動物們，如海豚。近來我與一些養育黇鹿群的瑞典研究者聊過，知悉了我對這些事物的研究興趣後，他們很興奮地告訴我，他們的黇鹿現在會遵循人類的示意手勢。

鑑於上述所有的事項，顯然我們看到自己的狗所具備的，不在於極度聰明，而在人狗間驚人連結的結果。這情感連結強大到讓狗狗足以與牠們的人類伴侶緊密合作。同時，以極度有耐心的人們與具有高度企圖心的狗這案例來看，能產生某些全然驚奇的表現。

但首先，這驚人的人狗連結起源自何處？雖然在我們於狼公園及本地動物收容所的研究後，我不再認為狗具有非凡的智能，但我無法擺脫覺得狗確實很特別的感覺。如果那不是智能，又會是什麼？

目前的研究工作讓我相信，找出這問題的答案非常重要——為了狗狗，也為那些研究與關懷牠們的人。

在我們起初突襲動物收容所時，我並未對流浪狗在我們的社會裡是如何被對待有特別的關注。在一定程度上，我承認過去以來對於不是某人寵物的狗的生活非常天真，一無所知，只是出於智能上的好奇心被輕輕推入收容所內，渴望更了解狗遵循人類意圖的起因與緣由。但在我們位於收容所的實驗後，實在很難再這樣無動於衷。

我對收容所內狗狗的貧乏生活吃了一驚。我過去沒有想到，有數百萬隻狗在原本設計為短暫收容用的設備裡，一待就是數個月，因而憔悴凋萎。牠們在水泥地上度日，每日只有非常短暫的人類互動，還有非常稀少的寶貴機會，追著球跑或玩其他的遊戲；有些狗因為隔壁所友們無止盡地吠叫而失去聽力，並因為這不適的狀況而飽受慢性失眠之苦。牠們亦以其他的方式受苦，我所熟知兩個美國的州，佛羅里達與亞利桑納，夏季氣候都相當不舒適——佛羅里達具備亞熱帶地區的悶熱，亞利桑納則是宛如爐箱般的沙漠氣候。然而這兩地多數收容所裡的狗並未給予冷氣來緩解夏日的高溫，而冬日裡牠們能獲得的暖氣設備也相當簡陋。

我們對犬隻認知的調查還處於非常早期的階段，但已經對狗的心智提供了重要洞見，我很確信這些洞見極具改善潛力，甚或可能保住這些狗的性命。舉例來說，我們得以指出，儘管收容所內的狗不會出於自發性回應人類手勢，但牠們很快就能被教會。如果（我衷心推薦）你的下隻狗來自收容所，你無需擔心她必須上課受訓才能懂你。在普通的日常生活裡，人類與狗以非常多種、複雜的方式互動，這提供狗足夠的經驗去了解人類行動的含義，不論是手勢或言語上皆然。在正常生活裡的狗可能不會像這些我們在收容所內訓練的狗學得那麼快。遵循示意手勢是牠們得在一個新家裡，花上頭幾週時間來學習的事物，還有許多其他事物，包括跳上床或沙發是不是被允許，或不得繞著餐桌追著貓跑。

首次進擊動物收容所的經驗讓我看到我們的研究工作能帶來的好處，但那也讓我意識到犬隻認知研究核心的空洞，及找出更多關於狗狗和讓牠們如此做的原因的急迫性。在我們第一次於收容所的研究裡，我立下使命，不但要了解讓狗狗獨特之處，更要找出這特質對於人類應如何關懷牠們的意義何在，我欠班吉、賽弗絲，與所有讓我生命更豐富的其他狗狗，去找出讓牠們在動物間如此與眾不同的原因，並以這些資訊讓牠們的生活更美滿。

1 編註：此原文 anathema，意即相當令人厭惡之人、事、物。

2 你很容易和你的狗一起進行這項實驗。最好是找個朋友在你放誘餌時幫你拉著狗。有些狗會對敲開倒放塑膠碗以發現藏在其中的東西感到緊張，但就算你不藏起任何食物來進行這項實驗也無妨。只要在狗做出選擇後放一點食物在你指向的容器頂端，你會發現大部分時候你的狗會走向你手指的地點。

3 譯註：影集中女主角因愛潑人冷水而成「説喪氣話者」代名詞。

4 譯註：Chaser，意即追獵者。

Chapter 2

是什麼讓狗狗如此特別？

What Makes Dogs Special?

當賽弗絲進入我的生命時，我已經發現「狗的特殊之處在於牠們的心智」這現行理論的缺口。而賽弗絲很快地就讓這些缺口成為持續擴大的黑洞。

我對賽弗絲的喜愛幾乎在我們把她帶回家的那一刻即迅速滋生，但我很清楚（一如我先前暗示過的）這隻討人喜歡的小狗其實不太聰明。舉例來說，樓梯就是一項不小的挑戰。她與我們同住的第一間房子裡有上層樓板，對這隻小收容所狗來說是非常新奇的事物。她第一次跟著我嘗試爬上樓梯後，當我步下樓梯時，她卻站在樓梯頂端嗚嗚地哭起來，最後她總算鼓足勇氣試著下樓。首次出擊不是很成功，最後以打滾落地收場。無犬受傷，一切平安；她慢慢弄清楚這個奇怪的人類建設。

二〇一三年，在我們領養賽弗絲後的第二年，我由佛羅里達搬遷至亞利桑納，在亞利桑納州立大學成立犬科學合作實驗室（Canine Science Collaboratory）。這個研究中心同時採用工具與行為科學，以期更深入了解狗狗，進而改善牠們與同住的人類這兩者的生活。蘿絲、山姆與我搬進一處位於坦佩市的屋子，我們認為賽弗絲也會喜歡這房子。那裡沒有樓梯，還有一扇小小的狗專用門，小狗想到外面去時，無須每次都得先徵得同意。但一如往常，賽弗絲花了數週時間才明白如何使用狗門，即使透過我動手打開它、在狗門口擺上小零食、舉起門板讓她從屋內看到外在世界等種種嘗試來向她解釋。

遛狗繩對她來說也很棘手，我猜想她原先的人類家庭沒有以遛狗繩帶她出門散步的習慣，因為她永遠都會卡在這奇怪的裝置裡。在我們遛狗散步的路上，當發現讓她著迷的東西

——所有的東西，她就會一直繞著我走，於是遛狗繩便整個纏繞在我腿上。或者她會與我分別走在路燈兩側，似乎無法明白在這種情況下，我們倆都無法繼續前進。花了整整好幾個月的時間，我們才能優雅自在地漫步於家附近。

然而，儘管賽弗絲似乎不是特別冰雪聰明，她卻極度地深情款款（且始終如此）。當我們在收容所內選中她時，她的甜美個性即已表露無遺，但一旦我們帶她回家，她馬上對幾乎是所有她遇見的人們展現熱情、親切的舉動（有鬍子的男性是唯一例外，她對他們會有一點點猶豫）。此外，她著手進行讓我們相信「我們對她來說非常重要」這事的速度之快，著實讓我驚訝不已。她鮮少讓自己與我們其中一人相隔數呎以外的距離，她從未錯過歡迎我們回家時的任何一次機會，而再也沒有比躺在我們腳邊，和我們在沙發或床上放鬆時緊緊相偎更讓她喜愛的事了。幸運的是，我們發現賽弗絲不像其他數百萬隻的狗，當我們必須把她獨自留在家裡時，她不會因此極度沮喪。然而她在我們返家時顯露直衝天際的喜悅之情，她的表現相當激動熱情，即便我們只是離開數小時而已。在極少次必須遠離她好幾週的情況裡，我們再回家時，她會哭得好像身處極度的痛苦之中。這種悲痛的情感釋放方式不可避免地讓我們覺得離開她這麼久真的很糟。即使狗的智能並無特別突出之處，我始終相信，那就是狗確實有獨特的地方，而賽弗絲非常努力地確保我明白這一點。我可以在辦公室裡待上一整天，閱讀及撰寫關於狗狗行為的科學報告，在關於狗狗理論上獨一無二的認知能力之科學文獻裡，戳穿邏輯漏洞，但當我回家面對賽弗絲，她那恍如隔世再見到我的極大熱情——我根本進不了家門，因為她會跳上來親我、舔我，還有一、兩次甚至撞飛我的眼鏡，這讓人無法不承認，關於這種動物確實有某些非常不尋常的特質，讓牠們在所有生物間如此與眾不同。

關於這非凡的特質，我想得愈多就愈覺得這無關乎智能，而與情感有關。之所以讓賽弗絲在芸芸眾生中如此特別，在於她與周遭人類間有超乎想像的情感連結，而這現象使我進行過許多研究，花費大量時間，研究主題從鴿子、老鼠、有袋動物到狼群。我們的出現喚起她的情意與興奮以及當我們無法與她同在時所表現的悲痛，或許是她與人類伴侶們之間行為的定義特質。

儘管賽弗絲在我們生活裡的時間還不是那麼久，她已經引領我開始質疑某些我身為行為科學家最基本的信念。她大部分的行為顯然是由我只能歸結為「對人類強烈的情感依附」的需求所驅動。然而我的科學背景與訓練——行為學界的一般常識及基本原則——卻明確主張事實並非如此。

行為學派的科學基本定理無非是「心理學」的應用。其試金石即已知的「簡約原則」（the law of parsimony），或又稱為「奧坎簡化論」（Occam' s razor，奧坎的剃刀），可追溯至十四世紀學者——聖方濟各會修士奧坎的威廉。我曾有幸拜訪過奧坎村（現拼法為Ockham，奧卡漢），這是一座位於倫敦西南方的小村莊，我希望能在那裡買把剃刀好讓我撐過課堂，讓簡約原則更扎實。遺憾的是這個小村呈現典型的簡約風貌，在那裡無處可買剃刀；不過有家超棒的小酒館，我在那裡享用了媲美頭等艙的美味午餐。無論如何，奧坎簡化論是一個科學定理，而非實體物件，它指出針對一個現象最簡單的解釋，永遠優於其他額外而不必要的解釋流程。這觀念是極其重要的捷思法則工具，過去六世紀以來，從天文學到動物學的眾多領域裡皆證實這法則極具價值。

身為一名行為學家，我下定決心找出關於賽弗絲表面上看來深情動人的行為其最簡單、最簡約的解釋。為了不讓我的動物心理學解釋納入沒有這背景也能處理的事物，到目前為止，我傾向避開談論動物的情感。當結束大學裡一天漫長的工作後，賽弗絲在我回到家門口時奔向我，她看起來很高興能見到我，這一點無庸置疑。但我心裡那位簡約的科學家，傾向視她的高興只是針對於我的到來即是她覺得滿足的事物，如散步與晚餐，所產生聯想而採取的行動。對這種情境，提出像情感這麼複雜的事物，會打亂我精確的科學訓練表述，而且似乎有違奧坎簡化論準則。

但將情感納入了解犬隻心理學領域的質疑也不是只有我一個人。許多對動物行為感興趣的科學家們，也同意情感不是一個太有幫助的研究概念。例如：動物學家約翰·布雷蕭（John Bradshaw）與犬隻認知科學家亞莉珊卓·霍洛維茲（Alexandra Horowitz），兩人都認為投射像罪惡感這樣複雜的情緒在狗身上會產生困擾，甚至讓我們傷害我們所珍愛的小狗們。舉一個例子來說：人們常會斥責看起來一臉愧疚的狗狗，因為他們認為這可憐傢伙的表情承認了自己的過失。實際上，一隻狗會產生自責的表情，不外乎是回應明顯看來怒氣沖沖的人類，是一種焦慮的表現，絕對不是要承認牠們的責任。這滿臉罪惡感的狗並不了解她或他做錯了什麼事，因而懲罰過失的行為是誤導，沒有意義，而且很殘酷。

神經科學暨心理學家麗莎・費爾德曼・巴雷特（Lisa Feldman Barrett）更進一步指出「情感」這個概念——而這個我們用來對不同情緒加以分門別類的字眼——是源自於獨特人類的語言其人為產物。它們因而端賴於對語義學的理解能力，而狗狗可能不具備此能力。我們的大腦以身體時不時所產生的內在體況，以及包括聽到人們使用特定字彙，形容內在身體狀況的生活經驗等為基礎，來建構我們的情緒。巴雷特不情願地承認動物們可能經歷了包括正面與負面情感反應的廣泛模式，例如生氣、恐懼、快樂與悲傷等基本「感覺」，但她指出牠們無力理解這些語言範疇，這意味著我們不能說牠們於本質上有過這些特定情感的經驗。

不論你認同誰的理論，專家們的共識似乎很清楚：動物的情感是一個科學黑洞，是我們可能永遠都無法完全探索的未知領域。但我暗自對賽弗絲和她與人類間的關係發展出一套猜想，除非我們視她為具情感的生命，且擁有與我們的物種形成強大的情感連結的能力——一種我愈來愈懷疑在動物王國裡，無與倫比的獨特能力。

如此公開地對其他研究者宣稱「狗狗擁有特殊的智能形式」一事提出質疑，我深知在發展出對於是什麼讓狗獨特的理論時，我得面對去證明它的沉重負擔。如果我宣稱狗狗擁有與人類產生情感連結的特別能力，我必須提出有力的證據，能禁得起嚴峻的分析。有些科學家可能會（不是沒有道理地）對我對於他人的研究結論所提出的觀點同樣產生懷疑。

於是我著手找尋數據資料以支持我的假設，果不其然，我完全無須捨近求遠就能到手。

儘管現代行為學家避免討論動物的情感，在某種意義上創立了行為學派的知名俄國科學家並不覺得後悔。他的確注意到狗狗似乎能與人類建立強烈的情感關係，與其避免去談論它，他設下觀察底線，並將其置入於他的研究核心。

每位從心理學導論課堂上存活下來的人，都會知道伊凡・佩卓維奇・巴夫洛夫（Ivan Petrovich Pavlov），他是證明狗期待食物時會流口水的傢伙；作為回應，愛爾蘭劇作家——蕭伯納（George Bernard Shaw）打趣說：「任何一個警察都能跟你講關於狗的這回事。」課堂學生們所聞，巴夫洛夫演示在給予他的狗狗一點食物前先搖鈴，直到這鈴聲足以促使狗狗流口水的現象，即日後被稱為「古典制約」或「巴氏制約」。基本上，經過學習在中性訊號與對這動物很重要的後果間產生聯想，古典制約正是約翰・皮雷用以訓練切瑟爾記住一千二百種玩具其不同名字的方法。這是所有訓犬師的工具袋中不可或缺的關鍵性工具，也是狗狗們與人類間關係的基礎成分。

由於這有名的狗狗流口水的實驗故事被大量重複，巴夫洛夫因而聲名大噪，但巴夫洛夫是個複雜的角色。他過世後的八十年間，我們其實對他的個性毫無所悉，但近日丹尼爾・托迪斯（Daniel Todes）所撰寫的精采傳記，為這位偉大科學家的工作及生活揭露冰山一角。

許多托迪斯的發現吹開了這一世紀以來關於巴夫洛夫的神祕謎霧。例如，托迪斯發現巴夫洛夫從不曾在任何實驗裡用過搖鈴——「鈴」（bell）是俄文「蜂鳴器」的誤譯。但托迪斯亦解釋巴夫洛夫相信他的狗是具備情感與個性的個體，更給予每隻狗能掌握其特質的名字。

巴夫洛夫對於他的狗狗們具有情感一事的認同，更形塑了他的著名實驗。根據教科書表示，巴夫洛夫為了他的研究，在聖彼德堡建造了具特殊設計的實驗室建築。這座令人印象深刻的宏偉大廈如今仍屹立不搖，也因巴夫洛夫努力確保狗在測試房內不受外界干擾，而獲「寂靜之塔」的別名。教科書上的照片中顯示，巴夫洛夫的狗狗在特製的隔音廂房內，而實驗者位於毗鄰房間內的雙層玻璃窗後面。但看來似乎極為冷調的臨床環境，卻因為巴夫洛夫與他的狗狗間強烈的情感連結而緩和不少。托迪斯告訴我們，的確，巴夫洛夫期待他的學生們能以此方式和此空間設計與狗狗們進行實驗，但這位偉人會坐在廂房裡與狗同在，他知道這些動物們需要他為伴才能感到放鬆。

巴夫洛夫確實也需要同伴。自一九一四年直至一九三六年逝世為止，他最重要的合作夥伴為瑪麗亞・卡皮托諾夫娜・彼得羅娃（Maria Kapitonovna Petrova）。她起初只是學生，但後來成為巴夫洛夫最重要的合作者之一，密切參與了許多造就巴夫洛夫名聲的制約研究。儘管今日她可能被遺忘，但她的重要貢獻在其有生之年即已獲得認定。自巴夫洛夫於一九三五年退休後，她直至六十六歲時退休，期間她都於這所由巴夫洛夫一手創辦的實驗室擔任主任。一九四六年，她更榮獲史達林科學獎。

彼得羅娃除了成為巴夫洛夫最重要的科學追隨者外，也是他的情人。在狗的廂房裡，兩人會坐在一起，安靜地耳語著他們的科學研究與其他事情。有時狗會在實驗開始時睡著，而對於實驗正進行一事毫無所悉的學生會冒然闖入，目睹巴夫洛夫與彼德羅娃親密交談著。

巴夫洛夫身為生物學家，將所有行為解釋為「反應作用」，他同時將觀察狗（和他自己）對同伴的需求稱之為「社交反應」（social reflex）。兩名師從巴夫洛夫的美國人之一——霍斯利・岡特（W. Horsley Gantt），在巴夫洛夫的指導下針對此現象進行研究。他將感測器裝在狗的胸口，以便測量心率。當一個人進入房間時，狗因焦慮的期待而心跳加快，但如果這人輕輕撫摸牠，狗的心跳隨著放鬆而漸趨緩和。

在我為「關於狗狗為何特別」那慢慢成形的想法開始搜尋證據後沒多久，我發現巴夫洛夫的這項實驗中，為人所遺忘的層面。巴夫洛夫對於狗對人類存在產生了顯著的生理反應之研究發現，在某種程度上算是遠古科學歷史，但它們也為我所感興趣的情感反應提供了很好的範例，同時讓我希望能加以研究。所以現為維吉尼亞理工學院暨州立大學的教授，我的前學生——艾瑞卡・佛爾貝洽（Erica Feuerbacher），與我聯手設計一系列實驗，以重拾巴夫洛夫與岡特那被遺忘許久，關於人類存在對狗狗的衝擊的研究。我們想知道對於狗狗來說，牠們認為很重要的人類與自己為伴的這體驗有多重要。在某種意義上，我們針對巴夫洛夫與岡特數十年前在他們的研究中所觀察到，對人類存在的情感反應之力道加以測量。

我們決定以相較於巴夫洛夫與岡特所採用的實驗方法更為簡單的方式進行。與其測量這小生物的心率改變，我們直接評估狗的行為。具體來說，我們會給予狗在人類的陪伴與我們懷疑同樣重要，甚至更重要的食物之間選擇。在我們最早期的研究裡，我們給狗狗一個簡單的選擇：你情願用鼻子碰觸人類的手以取得一點零嘴，或者，以同樣低程度的氣力，獲取被溫柔地搓揉頸骨，然後被告知你是「好狗狗」作為獎賞？它簡單得一如聽起來那樣：當狗以鼻子輕觸艾瑞卡的右手時，她不是以左手給牠一點零食，就是以雙手撫摸牠的頸部，說牠是好狗狗。在某些實驗裡，艾瑞卡以兩分鐘長的讚美，取代兩分鐘的零嘴食用時間；在其他的實驗裡，她則給予狗狗在兩個人之中選擇，一個人給予零食，另一人搓揉狗的頸部。

我們從住在收容所裡的狗著手進行，我們估計，這些不常得見熱情訪客的受試者會對讚美與搓揉頸骨印象特別深刻。當實驗結果不如我們所預期，我們便以寵物犬來實驗，並由飼主權充實驗人員加以協助。我們認為，如果某個真正關懷受測犬的人，溫柔地對狗狗說話，撫摸牠們的衝擊可能會更加顯著。但我們只是一再得到同樣的結果：狗狗似乎更偏好零食勝過撫摸與讚美。所有我們測試的狗，不論是收容所內的狗，或在家被對牠們而言特別的人類精心嬌養的寵物犬，總是選擇零食而非人類的關注。

回想起來，我不確定我們一開始的實驗做得很正確。我想艾瑞卡與我都很享受與狗狗相伴，而且我們如此堅信不移，牠們回報了這感覺。我們因而無法理解，對於一隻已經有人類作伴的狗來說，額外的頸骨搓揉並不如美味零食來得有價值，因為好吃的零嘴可不是總能隨意獲得。

然而隨著時間過去，我們的研究愈來愈成熟，我們發現如果不拿出那麼多食物作為獎賞，且必須再多等個幾秒鐘才能得到一塊美味的「自然平衡」狗食，但卻可以立即獲得頸骨搓揉，則狗狗們的選擇偏好很快就改變了。牠們開始花愈來愈多時間與給予讚美及搓揉頸骨的人相處，而非稍慢一些才給予食物獎勵者。以此方式，顯示人類的讚美對牠們來說其實頗有價值。若讓狗狗在每隔十五秒鐘給予零食的人，以及直接搓揉頸骨和喊出話語的人，這兩者間選擇一個，狗狗會待在後者旁邊，而不是稍微慢一點才提供零嘴的人。

再三思考這個結果，我們發現在許多方面，有人類相伴的樂趣早已在這些受測犬的生活中，不論牠們是否被給予搓揉頸骨的動作，人類都在場；另一方面，這些零食是以配額形式給予：它們被裝在小袋內，在實驗中的特定時間點，才會一次給牠們一份。對於享受人類為伴的狗，與這人接近或許即已足夠，搓揉頸骨與好聽的話語可能不會對這情境增加太多刺激。實驗若要有較具意義的結果，就必須將人類因素排除（一如狗狗不會一直被供應零食），然後看看在中斷與人類的接近，以及零食的提供一段時間後，被給予接近對牠們而言重要的人類的機會，會帶來何種影響或改變。艾瑞卡與我決定找出方法來執行這樣的研究。

一旦我們找出這實驗的正確結構後，找出辦法來解決它就不是很困難。艾瑞卡招募了一些人，他們養狗，但白天必須離開狗外出工作。這樣的研究對象團體並不難找——但真的也很遺憾他們必須這麼做。然而還有一項額外的實驗規則：每位參與實驗者的家中都必須有從車庫直達屋內的結構設計。

在每個工作日的盡頭，實驗中的每隻狗都已經獨自在家好幾個小時，艾瑞卡會在這隻寂寞的小動物與主人共享的家中車庫裡設好實驗。她在進入屋內的門口地板上做兩個記號，記號皆與門等距離，同時若某人自家中由門口看向車庫時，視角亦相同。然後她把繩子綁在門把上，要求一名助理用繩子打開門，以避免狗看到助理。

在助理開門前，艾瑞卡在一個記號上面放一碗美味的狗食，讓狗主人站在另一個記號上。主人已經出外工作長達八小時，這段時間內屋子裡也不提供任何食物，所以狗同時被剝奪兩件對牠很重要的事。

現在我們的測試很理想。當助理打開門時，狗會看見狗食碗與主人，兩者皆與狗的站立處等距離，且在過去八小時內，狗都無法接近兩者；牠的選擇會是什麼，對牠而言特殊的人類還是美味的食糧？

助理打開門。

毫無例外，聽到主人開車回家進入車庫後，狗在助理打開門之際就撲上他或她身上。當狗注意到門的另一邊無人出現時，你可以看見牠的臉上瞬間出現一抹困惑的神情。但不需要太久，牠瞥見女主人或主人時，就會毫不猶豫地跑上前去，興奮地搖著尾巴，壓低身體，可能準備跳上去獻上一記親吻。總而言之，在獨處一整日後，雀躍不已地迎接牠熟悉的人。

現在，在這個測試的時間點上，這隻可憐的小狗極有可能實際上沒有注意到這碗食物。純粹從技術層面的觀點來看，這個實驗有瑕疵，因為人類在形體上遠比狗食碗大很多。但很快地，在狗繞著主人打轉後，牠注意到另一項獎勵。起初狗只是瞄它一眼，因為與迎接主人相比，食物基本上不是那麼重要。然後，狗會跑向狗食碗，並且嗅嗅它，但再次迅速地回到人類身邊；與這狗的主人相較之下，食物明顯地不是那麼有價值。

每次我們進行這項實驗時，我們給狗兩分鐘在人類與食物間做出選擇。在測試過程中，我們從未得到如初次呈現選擇給狗時，牠們對食物表現出真正興趣的結果。

當然，隨時間過去，當我們在一週內每天都重複這個測試時，狗愈來愈了解我們的行為，便開始吃更多的狗食。每一天當主人回到家裡，艾瑞卡與她的助理會在地板上做兩處記號，在一處上面擺了狗食碗，另一處則讓主人站著（將左右兩處記號交換放置，以免狗發展出選擇方向的偏好與習慣），再要求助理打開門讓狗進入並做出選擇。好幾天都進行這樣的實驗後，狗狗開始熟悉流程。牠們持續地會先迎接主人，但同時發展出新的行為模式——跑向狗食碗，在衝回去繼續歡迎主人前，牠們會盡可能地在口中塞入最大量的狗食。

雖說狗狗的行為漸漸轉變為迎接主人，並同時獲取食物，這些實驗清楚地指出，對狗狗來說，與重要的人互動和食物具有同等的激勵價值。確實，在被迫選擇的情況下，大多數的狗傾向與人類在一起，而非被餵食；當然，隨時間推移，牠們在習慣有人類相伴後就會開始進食。難道牠們不該如此嗎？那並不是說人類因此變得不重要，只是牠們沒有設想到那人會突然離開。

總括來說，狗狗的行為在這為期一週的實驗中，為牠們與人類的情感連結力量提出有力的證言，那也讓我以全新的角度看待我與自己的狗之間的關係。不論賽弗絲在漫長的工作日結束後，給我多少次熱烈的迎接，我仍然根生蒂固地懷疑，她是否真心為見到我而興奮難抑，或者她只是單純很期待即將獲得晚餐。艾瑞卡的「車庫狗實驗」適度地為這問題提供答案。賽弗絲是真心地因為見到我而開心，並不是出於其他動機而演戲（至少不完全如此）。

但是什麼原因引發賽弗絲的雀躍之情？我知道艾瑞卡的實驗，儘管簡潔、明確無比，卻只顯示出賽弗絲確實很在意，但未曾解釋她為何如此做，或更重要的，是什麼驅使她這麼做。為了直指答案所在，我們需要一個全然不同的實驗。

艾瑞卡的研究來自於想了解狗狗與主人間的連結，而她的下一個研究則指出，在某種程度上，一開始她未曾預料到的事物。這一次她給予寵物犬們在兩種人之間做出選擇：牠們的主人與一個沒見過的陌生人。如果你的狗要在你與陌生人間二選一，你覺得她會花更多時間在誰身上？若你說：「我」，那你會對艾瑞卡的研究結果大吃一驚。艾瑞卡給予狗狗這樣的選擇，而她發現在熟悉的環境裡，狗狗花更多時間與陌生人在一起。

這結果似乎很出人意表。想當然耳你的狗認為你比街上其他隨意出現的人來得重要許多？但事實上這與研究嬰兒的心理學家所說的「安全堡壘效應」（secure base effect）很相似，是一種對雙親之一或主要照顧者強烈的依附跡象。

在一九六〇與七〇年代期間，著名的嬰兒心理學家先軀——瑪麗・安沃斯（Mary Ainsworth），針對一名孩童（以小於二歲為主）及一名主要照顧者間的情感連結發展出一項自然且有力，提供許多訊息的測試。安沃斯的陌生情境測試流程，讓孩童處於具中度挑戰性的情境下，以便探討幼童與母親的關係。

在這個實驗裡，安沃斯將母親與幼童一起帶至一處陌生房間內。起初孩童在母親注視下，得以恣意在房間內探索，但之後母親會突然離開，留下孩童獨自與另一名陌生人共處一室。大部分幼童對於被留在一個奇怪的地方，和一名不熟悉的人在一起，都會覺得沮喪不安。母親隨後回來，但再次把孩子留在房內，這一次她與陌生人一起離開；現在這名孩童發現自己是全然獨自一人，然後陌生人再次進入房間，最後才是母親回來，這時實驗宣告結束。

安沃斯發現，幼小孩童們對於被獨自留下後再與母親重聚的反應會有所改變，這視每對母親與子女間情感連結的強度而異。她定義為「安全依附」於母親們的孩童，於母親在場時更容易自在地到處探索，即以她為安全堡壘出發探索世界。在母親離開時，看得出來這些孩童非常沮喪；看到母親回來時露出快樂的神情，並且在與母親相聚後很快就穩定下來。另一方面。那些安沃斯稱之為「焦慮依附型」的孩童們，往往在母親離開時顯得漠不關心，在母親回來時也甚少流露出情緒；其中有些孩子早在母親離開實驗房間前即顯得苦惱不安，即使母親回來後還是很固執，難以安撫。

安沃斯的陌生情境測試提供了一個評估幼童與主要照顧者間情感連結強度的架構，雖然人們長久以來已承認這在一名孩童的生命中很重要；但在安沃斯之前，無人想出方法來加以量化測試。這項測試如今已應用在數千名孩童身上，對於幼兒與主要依附對象的關係之微妙處，提供了深刻的見解。

安沃斯實驗的基本架構可以被輕易地重新利用，以研究狗狗與主要依附的人類對象間的關係。在新一波對於人犬關係的研究潮流裡，最早幾項研究之一是由亞當·米克洛希在布達佩斯羅蘭大學的家庭犬實驗室（Family Dog Lab）的合作者喬瑟夫·托拜爾（József Topál）帶領一組團隊，研究狗狗被安置在安沃斯實驗中的陌生情境內會有何種反應。這些匈牙利研究者的實驗結果闡明了狗與人類互動經驗裡連結的天性。他們的研究也協助解釋在艾瑞卡的實驗裡，狗選擇與陌生人相處更多時間，而非選擇對牠們而言特殊的人類伴侶。

托拜爾和他的同事們從二十種不同的犬隻品種中測試了五十一隻狗，雌雄約莫各占半數。狗狗們的年齡從一歲到十歲不等，所以所有受測的狗在研究進行時皆已是成犬，但除了受測對象的物種與生理成熟度不同，這項實驗幾乎在各方面都反映了安沃斯原本的研究實驗。托拜爾的研究團隊進行陌生情境測試一如原本對孩童所進行的實驗一樣，流程每階段皆間隔兩分鐘。

托拜爾發現這個原本針對人類孩童所設計的測試，是評估狗狗們與主人關係的有效方法。在他的研究中，所有受測的狗皆顯示出視主人為安全堡壘的證據，一如安全依附型的孩童會與父母發生的行為模式。當主人在場時，較他或她從房間離開時，每隻狗探索與玩耍得更多；當主人不在場時，狗明顯地很苦惱，並站在門邊等著主人回來。當主人回到房間裡，狗在重聚時清楚展現出喜悅，迅速展開肢體接觸，最終花更多時間與這特殊的人類在一起。研究者為這行為模式做出結論，認為狗與人類幼童的表現非常相似，有充分理由認為狗確實會「依附」牠們的人類伴侶。

這些研究結果與艾瑞卡在佛羅里達的實驗中，所得到的結論不謀而合，她發現了在家庭環境裡的狗更易於花時間與陌生人相處，勝過自家主人。綜合來說，這些研究指出狗與人類伴侶間的關係，與幼童及父母間最穩定的依附連結非常相似。就像這些安全依附型的孩童們一樣，主人們在場對狗來說極度重要。確實，當狗被剝奪與人類相伴一段時間後，或當牠們被安置在一個不熟悉的環境裡時，與熟悉的人接觸可能是比食物更重要的驅動因素。

當我思索著狗狗與人類關係的確切本質時，我知道這些研究是重大證據。這些研究揭露了兩種不同物種成員間的連結看來更像是依附關係。當然在這些實驗中所發現的行為模式，反映了心理學家觀察人類的親子互動後，歸結稱作「依附行為」。

但是所謂的依附到底意謂著什麼？身為動物行為的科學觀察者，其訓練早已教會我去排斥看來可能再自然不過的結論，但我的質疑與理論化早已漸漸失去了堅硬的基礎，我無法否認這早期的研究證據確實支持了我的假設：在這些實驗裡，狗狗的行為暗示著牠們受到與人類間情感連結的驅策。

一如這些實驗結果帶給我難以言喻的興奮之情，我抗拒著放開胸懷的衝動，拒絕表現出全然的欣喜。現在我們手頭上所有那些看來是狗狗會對人類投注情感的證據，只是個開端。若我們要證明這是無庸置疑的事實，即打破簡約法則，那麼我們需要的是更多的證據。

🐾🐾🐾🐾

巴夫洛夫、托拜爾、艾瑞卡．佛爾貝洽，特別是賽弗絲，他們似乎都試著告訴我，在狗與人類伴侶之間存在著一種情感連結。但我仍然不願意接受他們的訊息為事實。出於身為愛狗人士的直覺，我被導引到這個假設上，而我還是以懷疑論者的思維去思考。我試圖很謹慎、嚴格地測試我對於有關狗狗與人類關係本質的理論，即便心裡很希望能被證實它是正確的。

一方面，我承認居住在人類家庭裡，事實上對全世界的狗來說只有少數的選擇，或許這些被精心嬌養的狗無法具體代表整體物種。有沒有可能這連結的天性是因為狗居住在我們的家庭裡，就像我們的孩子們一樣？

全球「狗口」數量據猜測（牠們也只能以此方法計算）約莫近十億。在這十億的狗中，大約三億是居住於人類家庭中的寵物犬，我們之中有許多人住在像北美洲、西北歐洲或澳洲等地，狗在這些地區要存活於人類家庭之外的機率近乎不可能。但這讓全球其他廣大的地區，包括中南美洲、非洲、東歐與南歐，以及亞洲的狗，更多是棲息於戶外環境遠超過人類的四面牆空間內。

若我要以整個物種提出任何針對狗狗的論點，而非只是某些在特定環境內的狗，我必須將這些無人飼養的狗的行為也納入調查範疇。然而，即便如此那也是棘手的任務。在探索這問題時，我與同事們需要找出一個方法，來區分僅為一己利益而與人類互動的狗，和真心與人類建立連結的狗。這細微而關鍵的差別，在我不久前的一趟俄國行裡已然非常明確。

二〇一〇年我在一趟研究差旅中途經莫斯科，因而有機會與瑟維賀特佐夫生態暨演化研究所（A. N. Severtsov Institute of Ecology and Evolution）的教授——安德烈・波雅可夫（Andrei Poyarkov）、及他的前學生與現任研究合作者——阿列克榭・韋列沙金（Alexey Vereshchagin）與其他幾名學生們，共度了非常美好的一日。由於他的英文著述不多，波雅可夫在西方世界的知名度遠遠低於他所應得的肯定。我發現他不但對於狗有極為淵博的知識，更是對在他的城市裡生活的犬隻非常關心且熱心的人士。他熱心地提供我關於這些年自己對於莫斯科街頭的狗其敏銳的研究心得。

波雅可夫對於莫斯科流浪狗的研究，大約始於三十年前蘇聯政權解體，這些狗狗以可觀的數量出現在首都街頭時。在莫斯科動物園內的研究大樓裡，與他和幾名學生的精采討論中，我學到許多關於在這分水嶺（蘇聯解體）前後，這些可憐動物的困境，也對人們在蘇維埃政權時期必須忍受的挑戰有一點想法。（我：蘇聯時期的流浪狗會發生什麼事？波雅可夫：牠們很快就被一網打盡，如果四十八小時內無人認領就槍斃。大膽直言的學生：就跟那時候對待流浪漢的方式差不多。）

如果你曾聽過任何關於莫斯科街狗的事情，你可能會知道那些搭地鐵的狗狗。當然這也就是我拜訪俄國首都前，對這城市裡的浪浪們唯一知道的事，然而雖然這些動物們上了新聞頭條，牠們也僅代表了最小比率的莫斯科狗狗們。

狗狗有很好的理由被吸引到地鐵車站去，但絕非是因為火車本身。在地面上這些繁華的人類空間提供了溫暖——及在色香味俱全的剩菜中覓食的可能性，這些食物來自於人們家中外出上班時，在路邊小吃攤點了中東烤肉串或熱狗，然後在進入車站去趕搭地鐵前吃了一些後才扔掉不要。狗狗也不易接近地鐵靠站的地方（莫斯科地鐵系統是非比尋常地深入地心）。要一路直達地鐵月台，然後坐上吵雜而橫衝直撞的地鐵車廂（莫斯科地鐵系統的速度是出乎意料地快），這麼做對狗狗來說一點好處都沒有。波雅可夫估計莫斯科約有三萬五千隻流浪狗，他認為僅有「一小撮」浪浪搭乘地鐵。另一名俄國犬隻專家——安德烈·紐爾諾洛夫（Andrei Neuronov），則估算只有二十隻浪浪是地鐵的常態乘客。不論誰的數據最接近事實，這數字清楚指出狗狗搭莫斯科地鐵的獎勵，遠不如在街頭或頭頂上的車站漫遊。

那日傍晚我與安德烈·波雅可夫在莫斯科動物園共度後，我也和波雅可夫的合作夥伴阿列克榭·韋列沙金於莫斯科市中心漫步，試圖找尋狗的行蹤。韋列沙金是新一代俄國科學家的典型代表：熟知祖國的科學傳統，但也掌握來自西方世界最新的研究趨勢。因為我已先入為主地接受「流浪狗通常生活在溫暖氣候下的戶外環境」這一想法，所以看見狗狗們生活在九月天氣已經非常冷的街頭時，覺得很突兀。這些狗的體型比我在其他地方所見過的狗都大，絕大多數都擁有厚重、濃密的毛皮，且毛髮上面充滿打結、纏結成塊與各種污垢。

在一處通勤車站，我們看見三名男子與一隻狗之間有趣的互動。每個人都一手拿著啤酒瓶，一手拿著熱狗。從他們爭論時的身體搖擺程度判斷，這些啤酒不是他們今夜的第一輪酒精。在他們的腳邊是一隻髒兮兮的大型狗，長而蓬鬆的狗毛以白色為主，但也有些深色的狗毛自然地摻雜其中，或者可能是沾到塵土所致，我壓根不想走近去探究。但我很敏銳地踱步來回，以便觀察這三個男人如何與這隻狗互動。

顯然這些人對這隻動物的態度各自不同。有一人似乎對牠很感興趣，他偶而會轉向那隻狗，似乎準備與牠分享一點熱狗。但是另外一人對這隻狗採取非常堅決反對的姿態，只要牠靠近他，他便作勢要踢牠。第三名男子完全漠不關心，專注享用他自己的食物與飲料，他似乎沒有注意到這隻狗的存在。

觀察著眼前的景像，我意識到比起我們家裡的寵物犬們，街狗可能必須要花更多注意力在人們身上。雖說寵物對我們與我們的行為確實非常敏感，但在大多數的家庭與大部分的時間裡，狗狗無須恐懼攻擊，而在街上生活的狗卻必須持續注意可能會傷害牠們的人類。這是對在這星球上約百分之七十的狗每日必須面臨的困境與不確定性，一記非常酸楚的提醒。

在莫斯科市中心的另一個地點，韋列沙金與我遇見兩隻躺在靠近幾處點心攤地面上的狗。當我們停下腳步，看著牠們好一會兒後，狗狗開始咆哮，而看著我們駐足不走開，牠們便起身離開，一路警戒地盯著我們，直到牠們離我們很遠。顯然地，對牠們來說，手中沒有任何可吃的東西，又太靠近牠們的人類是必須避免的潛在危險因子。

我可以理解這些莫斯科的狗狗如何因為食物而對人類產生興趣，但對牠們而言，人類真的只不過是一張糧票嗎？唉，我在莫斯科待得不夠久，無法和安德烈、阿列克榭與他們的團隊一起調查這個問題；據我所知，在俄國也還沒有進行過針對此問題的研究。不過幸運的是，在其他國家的研究者已經開始填補這研究缺口。

印度是另一個擁有大量街狗的國家，位於加爾各答的印度科學教育與研究中心（Indian Institute of Science Education and Research），一個研究團隊在艾寧娣妲·布哈德拉（Anindita Bhadra）的領導下，對這些無家可歸的動物們進行了一些相當令人著迷的研究。布哈德拉與她的同事們指出，對許多印度人來說放養的狗可能是可怕的麻煩：牠們會扒進垃圾堆裡，弄得亂七八糟，牠們還會在人們走路的地方大便，即使這些狗狗很健康，但還是帶來可怕的汙穢污染，而絕大多數的街狗都不健康。牠們成為許多重大疾病的傳播媒介，其中包括狂犬病。在印度，狂犬病每年仍奪走兩萬人的生命，大部分受害者自狗得到這極度可怕的致命性疾病。加上這些狗在夜間吠叫，擾人清夢，於是可悲的是，屠殺街狗在印度並不罕見。有人故意下藥毒殺牠們，或活活打死牠們，許多狗狗因為路上的交通意外而不小心被殺死。但也有許多人關心這些狗，為牠們提供食物與某種形式的收容所，從這些狗的立場來看，人類一定是莫測高深，難以預期的品項。母狗們通常都在人類家中或鄰近不遠處生育，所以牠們必然察覺人類能提供某些好處，足以抵銷我們這物種對牠們帶來的危險。印度的街狗們也很擅長遵從人類的行動——成功通過我在第一章內描述的示意手勢測試。

有鑑於印度街狗有時被相當殘忍地對待的現況，如果牠們充其量地對人類抱持著模稜兩可的模糊態度我一點都不意外。於是我想知道，牠們對我們的感受到底是什麼？牠們是害怕人類，還是受我們吸引，對我們感興趣？而如果我們對牠們而言很重要，牠們是否對我們這物種有近似依附形式的依戀，那是科學家們在終生被人類照顧的狗身上所發現的特質？

測試街狗遠較於以人類寵物犬或收容所內的狗進行實驗要來得棘手許多，所以我很驚訝地發現由布哈德拉的研究團隊裡的一名學生——迪波坦・布哈塔察拉吉（Debottam Bhattacharjee），以街狗們對人類的感受這問題進行了一項令人大開眼界的研究。

研究人員分別前往西孟加拉邦加爾各答及鄰近三處地點，找出獨處的街狗。雖然有些自由漫遊的狗狗們會形成團體（人們會稱牠們「群」，但我傾向避免使用這字眼，因為相較於狼隻們所形成的那種穩定的團體形式，這些團體並不固定），其他的街狗通常是獨行俠。布哈塔察拉吉決定專注在這些動物身上，因為他希望一次從一隻狗身上獲得實驗結果。他與團隊讓狗在置於地面上的一小塊食物，及在人類手中同樣的食物間選擇。毫不意外，受測的狗對陌生人類很警惕，情願吃在地上的食物，但這偏好也並非很具決斷性的。約有百分之四十的受測狗狗會走向牠們從未見過的人面前，從他或她的手中取走食物。

這實驗結果讓我有些驚訝，但布哈塔察拉吉與他的團隊所進行的下一項測試產生了更意想不到的結果。在一項後續的追蹤研究，這研究團隊對一些街狗個別進行下列兩件事中的一件：他們不是給狗一塊食物，就是在牠頭上輕拍三次。他們對每隻受測的狗在數週間都進行六次實驗。它真的就像聽來那樣簡單——有些狗被重複餵食；有些則被重複拍頭，最後，研究人員給狗一塊食物，然後測量兩組的狗多快接近人類並取得食物。

出乎每個人的預料，布哈塔察拉吉與他的團隊發現，連續兩週被持續拍頭的狗現在更快地走向實驗人員，也更願意從這人手上拿走食物，遠超過被持續餵食的狗。有鑑於這極度戲劇化而未曾預期過的實驗結果，研究的作者結論表示「社會獎勵在建立流浪狗與不熟悉的人類間的信任關係上，遠較食物獎賞更為有效。」就像在艾瑞卡的實驗裡，被給予在迎接主人與享受狗食間選擇的狗一樣，在布哈塔察拉吉的研究裡，狗顯然很重視與人類的互動。

至少我沒有想過是這樣的結果。不可否認地，賽弗絲一直向我展現人類對她有多重要，但從我看到在莫斯科與其他地方的街狗們，我沒有料想到這一點在街狗身上同樣被印證。我不曾期待過，基本上如同賤民般生活於城市街頭的狗會視與人類的社會互動為如此滿足的獎勵，因為牠們通常不受人類歡迎，我們這個物種往往將牠們視為破壞因素而努力驅逐牠們。這些印度街狗們願意讓自己被人類拍拍頭這事實本身就讓我夠驚訝了，而拍拍頭這件事比持續餵食更容易獲取牠們的信任，這不啻是一記震撼彈，它更指出與人類有積極的社會互動對狗狗來說有不可思議的力量，即使是那些不與任何特定人類有安全依附的狗也一樣。它亦導致了牠們的「社交反射」——一如巴夫洛夫這樣稱呼它——可能是決定其行為的關鍵性因素，這甚至超越了牠們對食物的渴望。

在你想到食物對這物種來說是主要獎勵（任何一個狗主人都會這樣跟你說）時，這個結果益發顯得不可思議，食物對街頭上那些骨瘦如柴的雜種犬來說，是特別大的驅使因素。如果你想找出人類對不同背景的狗狗都很重要的證明，你不可能做得比這個實驗更好了。

儘管艾寧娣妲．布哈德拉的研究團隊在印度證明狗狗確實渴望「社會獎勵」時，他們並未推斷造成這情況的原因是什麼。明確地說，他們沒有就強烈吸引狗狗與人類進行社交互動的原因大膽地提出任何假設。很顯然地對這些生物們來說，與人類互動是一種養分的形式，但究竟我們的存在，有什麼讓牠們覺得如此滋養？對狗狗而言，人類那深刻的吸引力是否真的很特別？

🐾🐾🐾🐾

我先前提過行為學家有其特殊聲譽，至少有部分是他們自己造成的，即忽略了動物的情緒。也因此這可說是種諷刺，我竟然對於證實狗狗與人類間那獨特的連結其確切本質愈來愈感興趣，也正是一名行為學家將我往正確的道路上輕輕推了一把。

瑪麗安娜．班多塞拉（Mariana Bentosela）是任職於布宜諾艾利斯的阿根廷國家科學與科技研究委員會（National Scientific and Technical Research Council of Argentina）的研究員。她前來佛羅里達大學訪問我們數週，原本是來學習我們的研究技巧，我想實際上她最後教給我們的，比我們教給她的還要多。

瑪麗安娜與我們一樣，對於如何描繪出狗狗驚人行為的表徵感興趣——我們談論到底是什麼讓狗狗如此與眾不同直到深夜，分享在我們各自的研究上所面臨的挑戰。在那個時候，我正試圖找出一個快速、超級容易又可靠的方法來評估狗狗對人類感興趣的程度。在關於寵物犬與收容所的狗狗如何在有人類陪伴及食物獎勵之間二選一的反應實驗中，艾瑞卡在「狗對我們的感受」這件事的認知上開啟了一扇窗；有哈塔察拉吉對印度街狗在撫摸與經常餵食者間的反應研究也是如此。但這些測試相當耗時費力，難道沒有更簡單的方法可用來測量狗狗受人類吸引的程度，能在最需要的地方派上用場的嗎？

除了探究對於讓狗如此特別的學術興趣外，瑪麗安娜與我都很關注住在收容所內那些狗的福利——在我們兩種物種的關係間，不那麼愉悅的陰暗面。我們很好奇若收容所沒有施以安樂死，能輕易找到新家的狗與在狗籠裡待上數月乃至數年而漸漸枯槁的狗，這兩者之間有何差異。

收容所的志工們與狗狗救援的支持者使用許多種測試方法，試圖對狗狗的特質分門別類。在某些案例中，他們希望決定某些狗是否該得以被收養的機會；在其他狀況下，他們試著就何種狗最適合某些特定的人類家庭，得到較通則性的結論。但就像艾瑞卡與布哈塔察拉吉的實驗一樣，這些測試在實務上相當複雜。瑪麗安娜研究過這些實驗，她想知道是否有更簡單的方式可釐清哪些狗有最佳的機會能成為成功的寵物犬。

瑪麗安娜和她在布宜諾艾利斯的學生們發展出一個簡單到驚人的測試方法：在一個空無一人的開放環境裡放一張椅子，沿著椅子畫出一個一米（約三英尺）的圓圈，讓某個人坐在椅子上兩分鐘，然後記錄這兩分鐘內狗在圓圈內的時間。瑪麗安娜已經在家鄉阿根廷，使用這方法測試過幾隻狗，她認為這方法相當能掌握一隻具社交性的狗——一隻理想的寵物犬——與一隻難以領養回人類家庭的狗，兩者之間的區別。當她在佛羅里達幾次的示範測試裡，她向我們指出具社交性的狗大部分時間都在圓圈裡與人類共處，而低度社交性的狗絕大多數時候都留在圓圈外。

我愛極了簡單的測試。簡單的測試容易記分，也非常不容易搞砸。「坐在椅子上」這角色很難出差錯，對狗狗在圓圈裡待多長的時間計分也不是什麼特別艱難的科學。我看得出瑪麗安娜的這項測試對收容所內的狗狗有潛力能提供很大的協助，當我目睹她的簡單測試在印地安納州的狼公園進行時，我開始理解它對我自己在人犬關係的研究上有不可小覷的潛力。

雖然瑪麗安娜針對狗做過許多研究，但在她來拜訪我們之前，她從未近距離與狼面對面。所以莫妮可．烏黛爾與我帶她同行，去狼公園做最後一次的研究行程，在行程的最後一日，莫妮可與我將計劃進行的所有研究都完成後，我們問瑪麗安娜是否有什麼想嘗試的？出於好奇，她說：「何不試試我的簡單社交性測試？」

直到此刻，我還未曾想過她的簡單小測試對我們關於狗為何特殊的討論會帶來任何意義，但當她提議將這測試應用在狼群身上時，我意識到這將會對這些犬科動物及牠們被馴化的表親們，在社交能力差異的方面提供有趣的評估。狼公園的工作人員與志工們，他們對於狗與狼隻間的差異非常清楚，就常常提及這物種的成員們，似乎不對任何人具有廣泛而敞開的興趣，而這正是狗狗典型的表現；儘管狼群們會對牠們熟悉的人類溫柔、貼心，甚至會「親吻」讓牠們很渴望的那些人。透過瑪麗安娜的測試，我們得以真正量化這物種對人類感興趣的不同程度——一個真正令人興奮不已的可能性。

我們請一人在狼圈的出入口邊，坐上一個朝上擺放的水桶，接著讓一隻狼進來，就像瑪麗安娜以狗狗向我們展示的，我們給牠兩分鐘，讓牠透過走近坐著的人一米內範圍來指出牠對這人感興趣的程度。一如我們以狗進行的實驗，我們對狼群分別進行與熟悉的人類及陌生人的測試。

測試的結果非常戲劇化。如我所說過的，狼公園裡的狼群們一定是你會希望遇見，對人類最社交化的狼了。在牠們之中，多有將牠們介紹給先前未曾見過的人類也安全無虞的狼；這些正是我們選擇作為測試對象的狼，這些狼自然很友善且非常穩定。令人高興的是，在瑪麗安娜的測試裡牠們既不試圖遠離陌生人，也未對研究人員顯露任何敵意。但這些動物沒有展現出想接近不熟悉的人類之渴望，這些受測試的狼群鮮少踏入以坐在水桶上的陌生人為圓心的那一米大圓圈內。

相反地，當一名熟悉的人進入時，狼群們明顯地較感興趣。牠們走向自出生以來就認識的狼公園主持人丹娜・德林札克（Dana Drenzek），花了百分之二十五的時間接近她。其餘時間牠們都待在圓圈外，安靜地做著牠們自己的事。

這測試結果與我們以狗為對象所進行的結果之間，呈現相當驚人的反差。在瑪麗安娜指導下的受測犬與不熟悉的人類同處於圓圈內的時間，比狼群們與牠們出生就認識的熟人待在一起的時間更長，當狗發現主人坐在椅子上，牠便會分分秒秒都待在他或她旁邊。

在我們研究的這時間點上，莫妮可與我已經去過狼公園好幾回，而我們總是發現其他科學家就狼群與狗之間差異的研究證據，在我們試圖複製實驗時便消失無蹤，我們就是無法複製出他們的實驗結果。結果我們為自己掙得了無法從實驗中明確地說明狗與狼之間有意義區別的研究者名聲。這當然絕非我們所相信的，但也無法否認，每次我們試著與其他研究者們一樣，找出他們對於狗與狼之間有何不同的研究結果時，我們就是無法印證他們的發現。

然而這一次，我們確確實實地找出狗與狼群間的確切差異，還是有相當巨大的不同。而且這還與認知或智能上的差別無關，而是更為基礎的：動物們對接近人類的興趣差異，這很清楚地是讓狗受我們吸引之處。問題是，那到底是什麼？

🐾🐾🐾🐾

若我有句專業上的口頭禪，那一定是「謹慎行事」。我相信只有在即使是聽來最合理的觀點上也以批判性眼光檢視，才能真正獲得可靠的科學知識。特別是我所研究的主題是如此貼近我心，而再也沒有任何事物比狗狗更接近我了，我同時與這無與倫比的生物共事，也與牠們其中之一分享我的家庭生活。

過去我在研究老鼠與鴿子或有袋動物時，牠們就像其他所有的動物物種一樣令人著迷，甚至可說是極其吸引人的，但研究牠們從未讓我覺得個人情感可能會戰勝科學訓練的風險。然而與狗狗共事研究，其中一些狗曾經，或者持續牽動我的情緒，我真的很焦慮，我的感覺會凌駕於我的科學客觀性。

我必須退後一步，好好思考自己是怎麼走上這一步的。我想過狗對人類的情緒反應，可能得以解釋牠們這物種與我們這物種間強大而獨特的連結，而我懷疑這與感情有關，更精確來說，是感情讓牠們有這樣的行為表現。我已發現明確的科學證據，讓我相信這與我的理論有關係。但我也清楚自己只不過是在科學能提供的真相表面上輕刮了幾下，而那裡存在著一個真實的風險，那就是，如果我挖得更深，我有可能會發現這一切都只是徒勞無功，只是白白做工。

另一方面，我必須對讓我走上這條道路的任何可能性抱持開放的態度：讓狗狗在牠們的野生兄弟們之中脫穎而出——或者是在這星球上所有物種中顯得與眾不同——在於牠們能與人類形成情感連結的能力，能感覺對我們的愛意。

對於我們的研究將帶我們走向何方，我同時感到非常不安又極度好奇。覺得自己愈來愈朝向一個邊緣點邁進，就算對我來說不算禁忌，至少也與我的行為科學訓練全然不符。我一直以來被制約去找出簡單而簡約的答案，以解決科學問題。我全部的專業生涯到了現階段，已然畫下一條鮮明的界線，一邊是冷靜而客觀的科學性行為描述，另一邊則是熱情、模糊但最終對動物的誤導性表徵化，例如：視牠們為有感情的毛小孩。然而愈來愈多關於讓狗狗成為獨特的動物、讓牠們成為人類最無與倫比的伴侶之證據，似乎正為我們指向一條道路，朝向先前我被教導為是自作多情的鬼話前進。

情感似乎是我們兩種物種間關係的癥結點，而狗對人類的愛意似乎特別地具關鍵性。這讓一個行為科學家（及一個聲名狼藉的懷疑論者）如我覺得綁手綁腳，很不自在。

於是我做了我唯一會做的事：繼續挖掘真相。

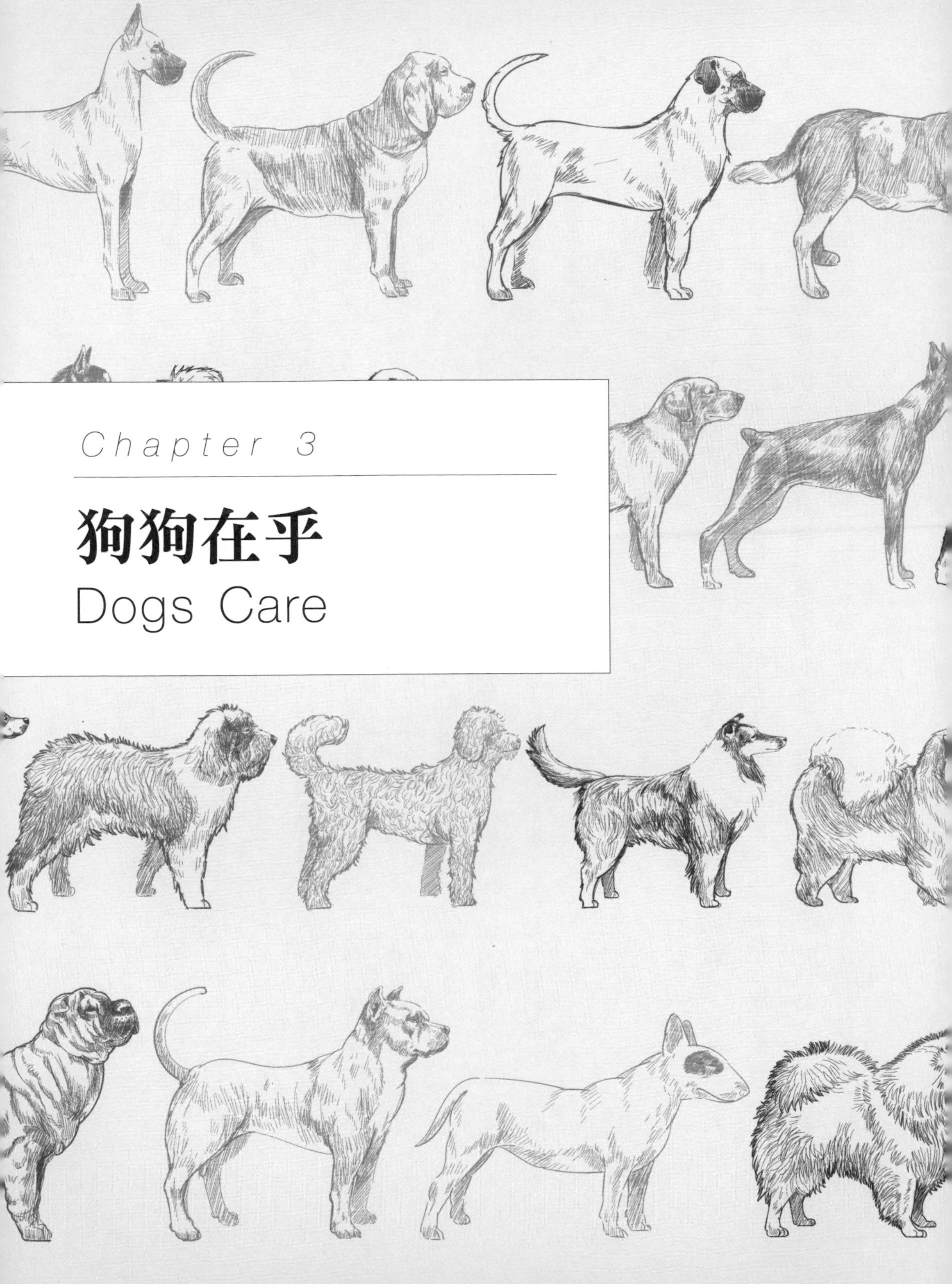

Chapter 3

狗狗在乎
Dogs Care

大量關於狗狗的行為顯示牠們受到人類強烈的吸引。從莫斯科到特拉維夫（Tel Aviv）的公園裡，我已經見過太多這樣的事發生，這亦見於我所進行過或檢視過的研究中。而這不只發生在每日被「孝順」的主人與女主人們精心照顧的寵物犬身上，也適用於街狗們；牠們也會追尋人類，這通常以另一項珍貴的獎勵為代價：食物。

但是這些我所研究過的測試在一定程度上，只測量了狗想接近人類的渴望。它們並未試圖深入找出在牠們的人類在場時，這動物行為可以告訴我們關於牠們對人類的情感依附是什麼。我想要回答以下這些問題：這對人類的情感依附如何體現在行為的新層面上？還有，狗在人類身邊的行為，是否能使我們知道關於讓牠們如此深受人類吸引的源頭所在？

這是我著手努力進行的下一個目標，我試圖藉由更進一步檢視狗接近人類時的行為，來解決這個謎團。令人欣慰的是，一旦我開始進行，我很快就發現，早在我面對它之前，其他的思想家們已對這個問題迷惑了許久。

最早開始思考與撰寫關於狗與人類間關係的科學家之一是查爾斯·達爾文。就像我們其他人，達爾文喜愛有他的狗狗們作伴，同時鮮少遠離牠們。據艾瑪·陶森（Emma Townshend）在她那扣人心弦的著作《達爾文的狗狗們》（Darwin's Dogs）裡所敘，達爾文的成人生活裡，連一隻忠誠的狗都不在他身邊的唯一一段時間，是他那花費五年，名聞遐爾的環球之旅，他登上一艘恰巧名為「小獵犬號」的船隻。〔好像光只有名字還不夠似地，小獵犬號（HMS Beagle）在海軍分類上是一艘——仔細聽好——「汪汪叫」的三桅帆船！[1]。〕

達爾文當然視狗狗為具情感的生命體，且牠們傾向於對人類伴侶有強烈的感覺。在後期著作《人與動物的情感表達》（The Expression of Emotions in Animals and Man）中，他以細節討論狗狗們如何展現那樣的情緒。在書中的前面篇章裡，先是駁斥這些認為感情為人類專有產物的人們，他指出沒有其他的活體能超越狗在情感連結上的展現：「人類本身亦無法透過外在標誌或符號表現愛與人性，就像狗那樣地明顯，當牠遇見牠鍾愛的主人時，牠的小耳朵垂下來，嘴唇掛著，像波浪搖擺的身體，輕快地搖著尾巴。」

達爾文繼續鉅細靡遺地討論狗狗如何顯現牠們的愛意。他評論牠們尾巴的動作（「延展尾巴，左右兩邊搖擺」）、耳部動作（耳朵會「掉下來然後有些向後垂」），以及低下頭與把全身放低。達爾文也評論了狗喜歡舔舐主人的手與臉。他注意到狗也會相互舔舐彼此的臉，還提到他曾見過狗舔舐那些「與牠們為友」的貓。（我認為賽弗絲寧願舔舐我家的貓「薄荷」，但薄荷可能堅決反對這跨越物種框架的大膽行為。）

在他對於狗狗如何展現愛意的描述中，達爾文從狗狗對人類伴侶表達快樂的行為標誌，辨識出深刻的連結，及牠們感受到對於我們的深層情意。達爾文的另一項重要洞見，在於他觀察狗狗不是只靠搖尾巴來表達快樂；事實上，牠們透過身體來表現心滿意足的情感，而且是從臉開始。

達爾文是我所知道的第一位會思考狗的情緒是如何顯示在牠們的臉部表情上的作者，特別是一隻快樂的狗其嘴部形狀。讓達爾文分外感興趣的是快樂的表情，竟意外地與憤怒的神情很相似。因而他注意到在快樂的狗臉上，「上唇是縮起的，就像是齜牙低吼時那樣，狗狗這樣表現牠們自己，牠們的耳朵向後拉。」達爾文關於揭露相反情緒的表現方式可相互反映的理論，禁不起時間考驗，一如他較為有名的天擇論，但是他為動物情感的研究提供了極為有用的推動力。

值得欣慰的是，雖然達爾文是首位研究狗狗面部表情這豐富題材的科學家，但他絕對不是最後一人。在他極為有趣的著作《為了一隻狗的愛》（For the Love of a Dog）裡，知名馴犬師及行為專家派翠西亞・麥康奈爾（Patricia McConnell）深入探討這引人入勝的現象。她觀察到「快樂的狗狗們都有放鬆而敞開的表情，就像開心的人們一樣。」研究人類與狗狗的照片，她發現：「要找出快樂的狗就跟找到快樂的人們一樣容易。」她的觀點很棒；對任何花時間與狗狗相處的人來說，從臉部表情判斷出狗狗很快樂，感覺並不困難。

無論何時，每當我回到家時，賽弗絲會衝向我，感覺那情意好像布滿她的臉。只要我打開我家前門，她似乎會咧著嘴笑——她的嘴角會微微揚起，看起來是種喜悅的表情，而她的嘴唇會往後拉，露出牙齒（即使完全不像齜牙低吼那樣，我們得向達爾文致歉）。

但我要如何確定，我在賽弗絲的臉上所看見的，真的是情緒反應？即使有來自達爾文與麥康奈爾這些專家們的絕佳提點，我總是有一點懷疑，解讀狗狗們的面部表情會誤讀到某些根本不存在的事物。舉例來說，我們辨識出海豚的嘴角上翹並不代表海豚正開心地笑著，一隻海豚的嘴巴生來就長成那樣，我們可以這樣判斷是因為牠的嘴巴形狀不會改變，不像人類的嘴巴會因應日常生活裡的事件而改變形狀。沒有任何事項指出一隻海豚的臉部，提供了探察其情緒的窗口，一如我們的臉部那樣。相反地，一隻狗狗臉上的表情的確會隨生命開展而變化。但是，我們如何確知一隻狗的嘴角上翹真的表達出快樂，而非像海豚那樣先天受到顏面肌肉與神經的影響，或因為狗其他方面的生理表徵所致？

當我第一次想到這裡時，我無法想像一項關於狗狗面部表情意義的科學研究該如何進行。調查人類如何表達或感知情緒的研究，會涉及能呈現某些情緒的演員；然後其他人會被帶進來，以便評估這演員的情緒表達。很明顯地，演員們受訓練以表達他們並未真正經歷或感受的情緒，而我無法想像我們要如何訓練狗狗做到這樣的表現。

然而，出乎我意料的是，一個科學研究找到解決這問題的方法。分別來自賓州矯正司（Pennsylvania Department of Corrections）的蒂娜．布隆（Tina Bloom）與瓦爾登大學（Walden University）的哈里斯．弗里德曼（Harris Friedman）進行了一項實驗，以調查人們辨識一隻狗狗臉上不同的情緒表達能力。他們僱請一名專業攝影師為布隆的警犬——摩爾（Mal），一隻五歲大的比利時馬利諾犬拍照，摩爾聽話地在大部分狗（及許多人！）可能會覺得很抓狂的情況下，擺好姿勢讓攝影師拍照。舉例來說，為引出牠表示厭惡的面部表情，他們叫摩爾坐好，這指令通常伴隨著食物獎勵；然而牠得到的是難吃的藥物。為了拍得一張表情悲傷的照片，他們告訴摩爾：「啐」，這個字在訓練過程中用以讓摩爾知道他做錯事。為了激發恐懼的表情，他們向摩爾展示牠的指甲剪。為了表情快樂的影像，摩爾的馴犬師告訴牠坐下來等，然後她說：「好孩子。我們很快就要出去玩了。」摩爾聽過預告牠有機會去玩球的這些話已有好幾千次；因此布隆與弗里德曼假設，再次聽到這話會讓摩爾進入快樂的情境。一旦這些照片拍好，讓摩爾坐好的指令解除，一顆球便丟向牠。透過這樣的方式，布隆與弗里德曼取得七種面部表情，每種各三張照片的系列攝影作品，除了上述的幾種表情外，還包括驚訝、憤怒與中性。

布隆與弗里德曼將這二十一張照片展示給二十五名具有相當馴犬經驗的人看，再給另外二十五名從未養過狗，且很少接觸狗的人看。每個人都被要求標示出每張照片裡，從沒有特定情緒（中性）或六種基本情緒中的一種：快樂、悲傷、厭惡、驚訝、恐懼與憤怒。

整體來說，這些人類評分員對於摩爾情緒的判斷還算準確，雖然有些照片比其他的照片更容易被歸類。最難被辨識的情緒是厭惡：僅百分之十三的回應正確，而人們傾向認為摩爾表現厭惡的臉其實是表現悲傷。驚訝也是很容易被誤讀的情緒：每五個受試者中，僅一人能以正確的情緒與摩爾滿是驚訝的臉配對成功。但對於其他的照片，人類受測者通常能選出正確的情緒。十個人當中有近四人可以辨識摩爾悲傷的表情；近乎一半的人能為表情恐懼的照片找到正確答案，十人中有七個人看得出摩爾憤怒的表情（對他們的安全來說，這可能是好事——摩爾是一隻體型相當大而有力的狗）。

至於最容易被成功地判讀的情緒是什麼？快樂。令人印象深刻地，有九成受測者認為摩爾開心的臉是表達快樂的情緒。與狗相處經驗較多的人，在情緒辨識上得分（每十個回應中有九個是正確的）較幾乎沒有與狗接觸的受測者（每十個回應中超過八個配對成功）來得高。但即使是配對成功比例較低的部分，仍有四分之三的受測者回應正確，看來人類確實很擅長找出快樂的狗。而這張快樂的臉是什麼樣子的？它確實是一張狗狗放鬆的照片，微張的嘴巴溫和地往後拉開，就像達爾文與麥康奈爾所描述的，也一如賽弗絲常常展示給我看的那樣。

布隆與弗里德曼的研究呼應了達爾文與麥康奈爾認為狗狗以牠們的臉表現情緒的觀點，它也提供扎實的經驗主義之證據，這些狗的近身觀察者全數配對正確——特別是狗的笑容裡展現的快樂。這個實驗不需要昂貴而複雜的設備，然而它展現出一隻狗的臉無疑地可以是一道正確的窗口，以判斷這隻動物正在經歷的情緒，進而強化證據鏈，以支持我們相信：當我們的狗以快樂的臉看著我們時，牠們正感受著與我們之間強烈的情感連結。對這些覺得我們的狗和我們在一起很開心的人來說，這是好消息，並進一步證明這些狗經歷與牠們的人類間的情感連結。

當然，狗的面部表情不是唯一表現出看到我們很高興的方式。牠們的尾巴是另一項重要的表達工具，當我們在場時，用以向我們傳遞喜悅。一般來說，人們會認出快樂地搖擺的尾巴，就像一個開心地微笑的狗狗臉部表情一樣，非常容易。確實，我常常為下列事實感到驚人：人們能輕易讀出一隻狗搖搖尾巴是在表現出牠們的快樂，而我們人類卻沒有自己的尾巴可以表現情感。但事實證明，一隻狗的尾巴比起牠的臉還有更多的祕密，它可能比我們所想的還要難以闡釋。

近日一群義大利科學家對於狗搖尾巴，進行了一項非常詳細的研究，發現那具有多重的表達意義，而且還沒有人猜到。喬治吉歐・瓦洛提加拉（Giorgio Vallortigara）與他在義大利的里雅斯特大學（University of Trieste）的同事們在實驗中，讓三十隻能獨自站在不比自己體型大很多的黑箱裡的狗狗們，看向箱子一端的一個小窗外。當每隻狗自小窗看向外面，瓦洛提加拉的團隊便向牠展示四個不同的人或動物，一次一個人或一隻動物：牠的主人、不熟悉的人類、陌生的狗和一隻貓。當箱子裡的狗看著窗外的人或動物時，攝影機錄下狗尾巴的動作。

這些科學家發現這些受測的狗狗們展現出驚人的傾向，當牠們看到那些讓牠們想接近的人、事、物時，會將尾巴向右邊搖擺。向右搖尾巴搖得最用力的是對主人的回應，但也見於不熟悉的人類身上。我很著迷於學到原來狗的尾巴可以送出對人類情意的特定信號，比許多世紀以來的觀察所暗示的更為精確。這顯示一隻狗對我們的情意已經被預設成為牠肢體動作的一部分。

想當然耳，人類也不是狗唯一想接近的事物。當一隻貓被研究人員展示在牠們眼前時，狗若有似無地搖尾巴，但有趣的是，這時尾巴搖的方向也是向右側。但當研究人員不向受測的狗展示任何物件，就將另一隻狗展示在牠們眼前時，狗狗們的尾巴搖向左邊居多。

自從我讀過這個研究後，就開始試圖看著賽弗絲的尾巴動作，以確認來自義大利的研究結果能與亞利桑納的本地現象一致，我邀請了幾名友人與我一起這樣做。遺憾的是，在我們周遭的現實生活裡，要判斷狗的尾巴搖向何方真的非常困難。就像大多數我所知道的狗，賽弗絲鮮少靜立不動，然後單獨地搖尾巴；她通常處於持續動作中。所以我還無法以賽弗絲的尾巴來確認瓦洛提加拉和他的團隊所進行的研究結果。

不過，來自義大利的研究結果為好幾百萬人早已觀察到的現象提供了客觀性：當你的狗看到你，牠很開心，然後透過搖搖牠的小尾巴來傳遞這訊息。但瓦洛提加拉的團隊也發現狗尾巴的溝通模式遠比我們所能理解的還要更多。那就是科學方法的力量。如果科學家們所做的就只是確認（偶而抗辯）外行人對於狗狗的信念，那就是有點效果的作用。但發掘先前隱藏在人們視野以外的事物——以這案例來說，狗狗的尾巴以搖左、搖右來溝通不同事物——這是科學真正令人振奮之處。

🐾🐾🐾🐾

知道狗快樂時的模樣，自然為牠們與牠們的人類經歷情感連結提供證據，因為我們常常看見牠們與我們同在時，有著快樂的臉與開心的尾巴。但如果我要公然宣稱狗很特別是因為牠們有與人類形成情感連結的能力，我必須要拿出比這更強而有力的證明來。

不可否認地，我已經找到了不少相關研究，我發現的研究可追溯至二十世紀早期在聖彼德堡的巴夫洛夫與岡特，直到今日在莫斯科、布達佩斯與佛羅里達中部北方；所有研究都指出狗狗確實有某種與人類間的本質連結。而我也有在狼公園的實驗，顯示狗狗較其最親近的犬隻表親們更容易受人類所吸引。

所有的證據都指向一個結論，但它們也能因其他闡釋而有所不同。畢竟我們的狗狗依賴我們提供牠們每日所需，從食物、住所、溫暖，甚至於牠們的大小號需求，所以牠們對我們感興趣極有可能是因為我們在牠們的生命中扮演重要角色。

我知道我必須做的比單純只是指出或證明狗確實很喜愛人類還要多更多。我要能證明我們對牠們而言很重要。我需要那些顯示狗在實質上會在我們有難時，為了協助牠們的人類而付出的證明，那將能指出在人類與狗之間的情感連結是相互的，這比狗狗僅僅是依附我們的說法更為有力，因為牠們在乎我們。這樣的證據為研究動物的情緒開啟了新的洞見與視野，也為人犬關係中，犬隻的那一端點燃新亮點。

當我開始思索取得關於狗實質上可能真的為其人類做點事的相關證據可能性時，我心裡有種相當不祥的預感。我還清晰地記得我所參加過最為活靈活現的一場研討會演講，那場演講的主題正是針對這個問題，而結果卻著實令人失望不已。

這要回到我對狗的行為產生科學研究興趣的早期時光，我想大約是二〇〇四或二〇〇五年，在墨爾本（Melbourne）舉辦的比較認知研討會上。我參加了不少科學會議，而我不得不承認，有時候要在擁擠會議室所舉行的長時間議程期間，保持一定的興趣真的很難。這是你我之間的祕密，不要告訴別人——我通常在午餐後的議程上呼呼大睡。然而在某一次像這樣的情境下，很幸運地，我非常清醒，然而我簡直不敢相信耳朵所聽到的。

在那個特別的午後，主講人是來自西安大略大學（University of Western Ontario）的比爾·羅伯茨（Bill Roberts）。通常算不上是研討會上最戲劇化的講者，比爾的風格很簡單而且言簡意賅，有時可能無法精確展現他那一流的科學學養。正當我坐下來為午餐後的小盹作準備，我意識到比爾所要分享的，與往常他那關於鴿子且嚴謹的實驗室研究迥然不同。他的講題對我進入狗的獨特性研究有著清晰而極為震驚的影響。

比爾解釋了他近來進行的一項研究，他讓一系列實驗志工在十一月時帶狗狗們去寒冷的加拿大公園散步，並假裝突然心臟病發作。比爾當時的學生克莉絲塔·麥克佛森（Krista MacPherson）帶著錄影機躲在樹後面，另一名實驗協助人員則坐在公園板凳上假裝讀報紙。案例一個接著一個，比爾播放了克莉絲塔捕捉到的錄像。實驗者輪番走進公園，毫無預警地走到正坐在特定板凳上的「陌生人」身旁，突然痛苦地叫出聲來，手抓著胸膛，跌坐在地面上。每隻狗都小心翼翼地嗅聞著倒臥地上的主人，然後產生以下兩種反應之一：牠不是臥倒在主人身邊，就是（在最爆笑的案例中）謹慎地繞著這個人跑個兩圈，意識到沒有人握著遛狗繩的另一端後，就直奔落日而去。沒有任何一隻狗去接近那位坐在板凳的人，而那個人或許可以提供醫療協助。

我從來沒有參加過一場充滿這麼多笑聲的科學會議。特別是聽完比爾那平淡無趣的研究導論後，看見狗狗們逃之夭夭，真的是非常滑稽又爆笑。

後來，針對這研究的評論指出或許狗能分辨出主人只是假裝心臟病發作，事實上並未遭逢險境；又或許狗未能求援的原因是因為牠們不認識坐在板凳上的人。為回應這些批評，麥克佛森與羅伯茨重新設計實驗，這次他們安排書架倒在狗的主人身上。他們確保在這項「意外」發生前，受測的狗先被引導認識可能提供協助的「陌生人」。克莉絲塔與比爾還讓每位被壓在地上的狗主人，明確地要求狗去尋求協助。但即便實驗設計有這些改進，結果仍然完全沒變。一如在心臟病發作的實驗裡，沒有任何一隻狗做出可能協助主人自倒塌書架下掙脫的事情。

數年後，另一項研究結果的出版為狗狗似乎不太會協助人類的觀察提出有力支持。茱莉安娜·布勞爾（Juliane Bräuer）與她在德國萊比錫的馬克斯·普朗克進化人類學研究所（Max Planck Institute for Evolutionary Anthropology）的同事們，建造了一間約八英尺半與四英尺半平方的隔間，完全以樹脂玻璃打造，還設有一扇樹脂玻璃製小門，按壓樓板上的按鈕即可打開小門。布勞爾的團隊訓練十二隻狗以狗爪按壓樓板按鈕，以便打開隔間小門。一旦牠們都能可靠地打開小門，實驗者在隔間內放置狗食或鑰匙。由於隔間完全透明，狗狗在按鈕前便可輕易看到內容物。當隔間內放的是食物時，狗狗們幾乎總是按鈕開門——這顯示出牠們理解這個開門機制是如何運作的。當鑰匙放在隔間地板上，約每三隻狗中有一隻會開門。是否有人類在鑰匙與狗狗間來回張望，要求狗狗按鈕開門以取出鑰匙，或以命令語氣說

「開門！」，並無任何差別（以德文說出來，聽來一定更為急迫）。

在後續實驗裡，布勞爾的團隊得以取得約百分之五十比例的受測狗透過人類的手直指按鈕，讓牠們去按鈕開門。然而，我假設（而布勞爾與她的同事們亦支持這想法）狗狗將這示意手勢解讀為要求牠們按鈕的指令，所以實驗仍無法證實狗有興趣幫助人類。

麥克佛森與羅伯茨及萊比錫的研究團隊，這兩者的實驗皆為「狗狗在乎牠們的人類因而伸出援手」之論點清楚地提供反證，而他們似乎是非常謹慎、認真地加以執行，若你以這些實驗結果單獨判斷，你將可能得到狗其實沒那麼在乎人類的結論。

幸運的是，其他研究指出狗確實對發生在人類身上的事情有某些關注。在紐西蘭兩所大學工作的泰德．羅夫曼（Ted Ruffman）與扎拉．莫里斯崔娜（Zara Morris-Trainor），想出了極佳點子，讓狗接觸在情緒上處於極度痛苦的人類（或至少是人類聲音），而且不要求狗做些什麼特定事項，只是觀察狗對處於極端情緒狀態下的人類，是否有任何作為回應的情緒體驗。

羅夫曼與莫里斯崔娜取得人類生命中最無拘無束的階段時期錄音：嬰兒期。沒有任何小寶寶因為這項科學實驗而受到傷害，研究人員錄製了嬰兒完全自發性的哭聲與笑聲。羅夫曼與莫里斯崔娜架設一組擴音器，每個擴音器輪流播放寶寶的哭聲或笑聲。一隻狗被導入與兩個擴音器各自等距離的位置，每段錄音一次播放二十秒。研究人員接著測量狗狗接近個別擴音器的傾向（或者兩個都不接近）。羅夫曼與莫里斯崔娜發現，所有狗狗比較容易接近播放出寶寶哭聲的擴音器。

這結果很有趣，但它沒有真正向我們解釋太多。它或許有可能是暗示狗狗對寶寶們的苦惱壓力表示關切，但也有可能只是因為寶寶的哭聲比笑聲是更奇怪、更強烈或更有趣的噪音；那可能引發狗的好奇心，而非牠們的同情心與關懷。然而，倫敦大學金匠學院（Goldsmiths, University of London）的黛柏拉·康斯坦斯（Deborah Custance）與珍妮弗·梅爾(Jennifer Mayer)想出方法來擴展羅夫曼與莫里斯崔娜的實驗，讓它成為狗關懷人類更為反應真實狀況的示範。

在設計她們的研究時，康斯坦斯與梅爾發現同理心與同情心之間有趣的分別。她們認為同理心是一種感染——見你悲傷讓我也覺得悲傷，若這時我經歷的是同理心，我的反應將是抒解悲傷。如果我是個小小孩，我可能會去找媽媽。（既然我不是小小孩，我會為自己倒杯蘇格蘭威士忌。）同情心，在另一方面則較為複雜——如果我見你悲傷而感到同情，我自己未必會覺得悲傷，但我會被驅策試圖去安撫你的悲傷。若我是你的雙親，可能會給你一個擁抱。（因為我不是，所以可能會幫你倒一杯威士忌。）雖然若發現我們的狗對我們的壓力與痛苦有同理心，那一定會很有趣，如果狗狗真的在乎牠們的人類，那麼我們要探究的是同情心而非同理心。

跟隨著羅夫曼與莫里斯崔娜的研究，康斯坦斯與梅爾也讓狗接觸焦慮憂愁的人類，但她們在幾處地方改良了這個實驗。為讓取得狗對痛苦不安的人類產生正常反應的機會最大化，她們在每隻狗的居所內進行測試，她們也將狗主人納入這些表現出不安情緒的人類之一。每次二十秒，主人會朝向他們的狗狗盡量自然地哭泣。為確保受測的狗對哭泣中的人類所產生的反應，不只是單純回應人類發出的任何奇怪的聲音，主人也會對狗狗們發出哼哼聲二十秒作為受制條件。對這些狗狗來說，梅爾是個完全的陌生人，她也對牠們施行一模一樣的行為。在哭泣與哼哼聲之間，狗主人與梅爾會低聲交談約兩分鐘，好給牠們一點時間自剛才所經歷的哭泣或哼哼聲的反應裡回復。兩個人在實驗過程中全程都在場，在每一個步驟裡唯一的變數是由主人或陌生人發出聲音，與這聲音是哭泣或哼哼聲。不同人與不同行為的順序則隨機分配給每隻受測試的狗狗。

若狗狗只是出於對這相對鮮少聽見的聲音好奇，而去接近哭泣的人類，那麼牠們應該也會出於同樣理由去接近發出哼哼聲的人類，畢竟哼哼聲也是人類不常對這些狗發出的聲音。然而這不是康斯坦斯與梅爾所發現的。在她們的實驗裡，狗狗接近哭泣的人類遠超過發出哼哼聲的人類。

如果狗經歷的是同理心——那就是說，若看見或聽到一個悲傷的人讓牠們覺得自己也很悲傷——那麼，這就像幼兒們只要遇見哭泣的人就會回去找媽媽的道理一樣，這些狗應該在聽到人類哭泣時去找主人，以尋求慰藉，即便這個人並不是他們的主人。但這也不是康斯坦斯與梅爾所發現的結果。

康斯坦斯與梅爾指出，這實驗裡的狗在主人哭泣時會接近她，但當她（梅爾）在哭泣時，牠們也會走向陌生人。這與具同情心這能力所被預期的行為是一致的——對另外一個生命的福祉感到關心，渴望給予在痛苦不安中的人於情感上的支持。

我要說明的是，我自這實驗得到的結論，並非是康斯坦斯與梅爾如何闡釋她們的實驗結果，她們主張最有可能的解釋是這些狗擁有大量與人類相處的生活經驗，或許牠們過去曾因為接近看來悲傷的人們而得到獎勵。

一如我先前解釋過的，我欣賞對科學發現簡單、簡約的解釋，就像這個。即使我無法在奧坎簡化論（奧坎的剃刀）發源地奧卡漢村買到一把剃刀，我不會因為失望而不相信這簡約法則，即限制人們採用解釋性原則的原則數，因為這正是科學解釋的核心本質。但在這個特定案例裡，我並不認為康斯坦斯與梅爾的化約主義假設是正確的。狗自悲傷的人那裡所獲得的獎勵，真的比快樂的人給予牠們的獎勵多出許多？我從未測試過這個想法，但從個人經驗來說，我更傾向在心情愉悅時拿零食給賽弗絲，而非沮喪不開心時。我也不認為在這件事上自己是特別例外的狀況，更不覺得如果說幸福遠較悲傷更能啟發慷慨，是誇張的說法。

再者，若是對獎勵的期待促使狗接近哭泣的人類，牠們為何會走向哭泣的陌生人而不是自己的主人？記著，兩人在測試全程都同時在場。我有想過，若哭泣導引向對食物的期待，那麼這項期待自然應該落在主人身上——過往常常給予食物的人，而不是從來沒餵過這隻狗的陌生人。然而在這實驗裡，當陌生人哭泣時，狗接近的是陌生人而非主人。

不，當然對這些有趣的實驗結果最好的解釋，不是狗預期悲傷的人給牠們東西，而是牠們確實關心沮喪不安的人類。牠們接近哭泣的人，不論是否是牠們的主人或一個陌生人，因為牠們經歷了同理心或同情心，牠們對這個人在苦惱不安中感到困擾。這個實驗提供了極具說服力的證據，證明我們的狗在乎我們到底發生了什麼事。

康斯坦斯與梅爾的實驗屬於我喜愛的測試類型，像瑪麗安娜·班多塞拉的狗狗社交能力測試，操作簡單而結果卻很有說服力。它也非常基本，所以如果你與狗同住，你可以自行測試。你完全不需要設備，只要有一位對你的狗來說是沒見過的陌生人，還有你自己、一張沙發與兩張椅子——雖然我猜想你也可以坐在地板上進行這項實驗，只要你夠敏捷輕巧。你需要一個全然沒有干擾的空間，然後可以輪流哭泣與發出哼哼聲，每次都維持二十秒，期間施予兩分鐘的休息間隔。你會看到狗的反應，並與康斯坦斯與梅爾實驗中狗狗的反應比較。你的狗在乎你的苦惱，也關心陌生人的痛苦嗎？不是所有康斯坦斯與梅爾測試的狗都有相同行為，所以若你的狗展現的反應模式與我摘要描述於此的結果不太一樣，也是極有可能的。你可能會學習到關於自己小犬的某些事，而且是讓你驚訝的事，希望是積極正面的驚喜。

許多關於狗對人類苦惱不安的反應所進行的研究，皆指出牠們在乎我們，或者至少人類對牠們來說，有一定程度的重要性，導致當我們看來受苦時，牠們自己會經歷情緒上的反應。

乍看之下，顯示出狗不會幫助明顯心臟病發作或困在書架下主人的實驗，似乎與此結論有所抵觸。我們要如何調解這些顯然相反的研究發現？

解決這表面矛盾的一種方法是在實驗室外，找出狗狗助人的例子。當然，某些類型的狗在日常或常態性地協助人類，兩個顯著的例子是有代替眼睛功能的導盲犬，牠們協助盲人；以及聖伯納救援犬，牠們搜尋被埋在高山雪下的人類。但這些狗是接受訓練來協助人類，所以牠們的行為可說是反應出訓練者的意圖，而非牠們自己的意志，因此牠們的行動無法用以解答「狗是否為具驅策力去助人的特殊物種」這一問題。

但是尋常的狗協助遇險難人類的義勇行為可謂不勝枚舉。現在我當然相信，我們必須更為謹慎地解讀人們說他們的狗所做的事，因為我們對牠們的愛很容易遮蓋我們的理智判斷與記憶力。然而與此同時，狗試圖在人類經歷劇烈、顯著而真實的創傷時，提供協助的紀錄數量之多，讓我們必須正視這些傳聞證據。

某些再清楚不過的狗狗義助人類之信證，被紀錄在二十世紀最黑暗的時刻。二次世界大戰期間，英國報紙報導了幾則狗狗自發地將主人們從被炸毀的房屋瓦礫堆中挖出的新聞。例如一九四〇年十二月時，《每日郵報》（Daily Mail）就報導：「十二歲大的亞爾粗㹴犬──小覃（Chum），營救了瑪喬麗·法蘭區（Marjorie French），她的屋舍被徹底摧毀，困在遮蔽物下的她看見狗的小爪子奮力地挖掘以便救出她，並拉著她的頭髮安全地將她拖出。」

在這裡我們所見到的是一個主人真實遇險的情境，而非演戲。她因痛苦所引發的哭泣無疑地有十足的說服力。她的狗需採取的行動不難理解，而牠需要做的（挖掘）對許多小覃的同類們而言，是再自然不過的行為。當然在這情況下，狗確實幫助了牠們的主人。〔小覃，順帶一提，後來由「我們的沉默朋友聯盟」（Our Dumb Friends League）頒發勇氣勳章——這是一個頂尖的英國動物福利組織。〕

這為狗會幫助牠們在乎的人類這件事，提供非常激勵人心的證據，而且還有更多像這樣的驚人故事。但是在與芝加哥大學對老鼠所進行的一項極為聰明的實驗相較之下，這些傳聞就顯得大為失色。

全面公開：我曾與一名養了寵物鼠的女孩約會過。這小東西在她的公寓裡永無止盡地跑來跑去，但儘管牠充滿活力，我從未特別想過老鼠是社會性生物。結果證明我是錯的；老鼠會彼此形成強烈的連結，同住一籠的兩隻老鼠會成為真正的夥伴與盟友。牠們的革命情感強大到能激發研究者的興趣，如今適時地，也吸引了我的注意力。

為測量同處一個籠子內兩隻老鼠間，其革命同志情誼的強度，佩姬·梅森（Peggy Mason）與她的團隊首先設計了一個小圓柱型容器，大小只夠一隻老鼠擠進去。對老鼠來說，身陷這樣的空間相當不舒服，這可憐的小傢伙因為苦惱而以人類無法聽到的高音頻尖叫著，但這哭叫聲卻能被同物種清楚地聽到。這容器設計了一扇門，使身陷其中的老鼠無法自行打開，但是在容器外的老鼠可以幫牠打開，如果這隻自由之身的老鼠願意幫忙牠受困的朋友。

梅森與她的同事們先從實驗裡發現，若受困的老鼠與在容器外的老鼠是來自同籠的友伴，牠們會打開門讓同伴脫身。梅森的團隊持續在研究中發現，老鼠們也會打開同一場域上，裝著巧克力的容器。未受困的老鼠會打開這兩個容器，然後和牠脫困的夥伴共享巧克力。

當我聽到這件事時，我不得不相信，如果老鼠都能將對牠們而言很重要的另一隻老鼠救出，狗狗當然也會有同樣的行為。這會是測試狗對牠們的人類在乎程度的理想實驗。我了解到我們在實驗中所需要的是一個特製的人類陷阱，在陷阱外裝上讓狗狗不會太難打開的門門，以及一名願意進入其中，而且哭得極其逼真的人類。

我們從我稱之為「紙板棺材」的物件構築做起，它以食品雜貨箱為素材，再以電線膠布固定。找來三個大箱子才建構出這個能容納一個人爬入的棺材，我們未以膠布貼死箱子開口，並在上面鑽了一個能讓狗狗看出內容物的小孔。然後狗狗能以鼻子推入這孔洞拉開箱子——如果牠願意這麼做。

賽弗絲是第一隻接受這高科技設備測試的狗，而我必須很尷尬地向各位報告，她並未嘗試在我大聲哭叫求救時將我從我的棺材裡解救出來。我被告知〔經由我的太太與以此為研究計劃的學生約書亞·凡·柏爾格（Joshua Van Bourg）〕她跑來跑去，明顯流露出苦惱焦慮的表情，且似乎試圖找我的太太尋求協助，但她沒有打開箱子。另外一方面，當我的太太在箱子內並出聲求援時，賽弗絲馬上打開紙箱，救出看來似乎沒有那麼無助的受困者。讓我們姑且稱這特定結果為混合結果。

由這早期的實驗經驗後，約書亞建構了一個更為堅固的箱子，找來許多人爬進箱子裡後向他們的狗狗大聲呼救。這項實驗在本書撰寫時仍在進行，但他已經取得清楚證據，指出許多狗會自這人類在其中痛苦呼叫的容器，將牠們的主人救出來。約書亞也發現老鼠實驗與他的狗狗實驗之間的顯著差異。在老鼠被放入實驗裝置中的第一天，梅森和她的同事們發現百分之四十的老鼠會釋放同伴，但這花了牠們平均一個小時才做到這件事。即便每日測試進行了一週，僅約半數的老鼠會相互救出夥伴，而且還是花上牠們二十分鐘才辦得到。約書亞所測試的狗狗們，他發現僅二分鐘的測試，約三分之一的狗會救出主人。

就我所知，約書亞的研究是首次有科學家測試一種物種是否會協助另一種物種。這不但是科學研究令人期待的前線，我認為它更提供明確的證據，指出狗確實有強大的欲望去幫助牠們的主人。根據其他研究，我們知道這些狗對與人類作伴感興趣，但現在我們也知道牠們會為與牠們共享特殊連結的人類努力提供協助。

當然並非所有在這項研究中的狗，或其他研究中所有的狗都表現出樂於幫助的一面。但我懷疑這出自於實驗的失誤，而非狗本身的問題。這項測試必須很短暫，這是為了吸引實驗志願者並確保他們的呼救聲聽來不像是過分排練過；更重要的是，不是所有狗主人都能讓自己的呼救聲聽來非常有說服力。這些問題自然會導致實驗結果顯示，不是所有的狗狗都會幫助主人。

我也認為某些受測的狗狗是想幫忙卻不能了解牠們必須做的事，我懷疑這極有可能發生在麥克佛森與羅伯茨於加拿大所進行的實驗中。狗狗的行為看來很有趣，許多這些受測的狗狗們，實質上在看到牠們的人類似乎心臟病發作或卡在書架下時，感到非常苦惱焦慮——這些動物們純粹只是對於在這樣情境下該做什麼事沒有頭緒而已。

相似地，在我們的實驗中，某些狗或許不了解如何打開箱子好讓牠們的主人脫身。這些都是這類型的行為科學實驗裡，無法避免的限制因素。雖然我們設計實驗以提出最簡單的可行方式，讓一隻狗展現牠的關心與助人的渴望，顯然那對許多狗來說一直是個智能上的挑戰。一如你可能會見到的，若你與你的狗進行這項實驗，會有許多的狗對這情境感到很困惑，並且不知道該如何進行。

然而，在我們的錄像紀錄裡，我們常發現狗的行為顯示牠們為這情境所苦惱，即使牠並未開啟容器，釋放牠的主人。更重要的是，我們的實驗指出許多狗在主人們遇險時確實會幫助他們，若這問題簡單到狗能理解，而與行為相關的解決方案又是輕而易舉能做到時。挖掘與拉扯是狗狗知道如何做到的事，如果我們以這些基本參數值為基準進行實驗，顯然狗在乎我們的程度大到讓牠們願意前來協助我們。

🐾🐾🐾🐾

一世紀前，美國的動物心理學家先軀之一——愛德華・桑代克（Edward Thorndike，通常像巴夫洛夫一樣，被視為行為學派的創始人），在第一本動物心理學專書中，提出相當不滿的抱怨：「狗可以迷路數百次，沒有人會注意到，也不會投書科學雜誌報導，但如果一個人能找到從布魯克林到揚克斯的路，這事實立即變成一則廣為流傳的傳聞。」[12]

桑代克的觀點很好：我們自然而然地受到那些非比尋常且驚人的故事所吸引。有時這些故事中可能帶點真實性，但它們往往被渲染誇大，而不真正代表這些動物們的真實行為。如果我們對於狗的認知變得更客觀且科學，那麼在了解如何照顧牠們的方面將會得到極大的優勢，因此我們必須發展出能建立沒有任何爭議空間的測試與實驗，來理解狗真正的行為。

於是在本章裡，我已經盡力避免關於狗的情感與關懷的虛構或二手故事。一如《靈犬萊西》的故事不具備科學重要性，一九四〇年，《每日郵報》對狗自被炸毀的屋舍瓦礫中救出主人的報導，對我來說也不會多有意義，如果我無法找出方法進行實驗，以測試這真的是狗狗會做的事（當然是在不實際炸掉任何人的房子之前提下）。麥克佛森與羅伯茨的實驗指出狗似乎不太會試圖幫助遇難的人類，這對我們改進與犬隻同伴間關係的了解，與我的學生約書亞的研究所得到的正面結論同樣重要。沒有客觀證據，我連狗的笑臉和搖尾巴所蘊含的意義都會有所懷疑（雖然我必須承認，這搖尾巴所傳達的快樂連我都很難加以質疑）。

我非常嚴肅地看待行為，視其為動物們如何與這世界產生聯繫的指標，而確實有大量的行為證據指出狗狗真的在乎人類。狗會找尋我們；牠們放棄食物只為了與我們在一起；牠們在我們出現時會以尾巴與臉表達喜悅；在我們有急難時，牠們展現協助我們的意願。這些再再顯示牠們與人類間有強烈的情緒連結，而我們對狗狗的重要性，遠比絕大多數的科學家及專家們所願意承認的更為深刻。

但我也體認到，動機要單靠研究行為是難以取得的。狗對人類的感受是什麼？牠們的行為或許包含著一定的線索，而牠們的身體掌握了答案。

1 譯註：狗吠叫，bark在英文裡也指稱三桅帆船。

2 譯註：布魯克林與揚克斯都在紐約州，相距不遠。

Chapter 4

身體與靈魂

Body and Soul

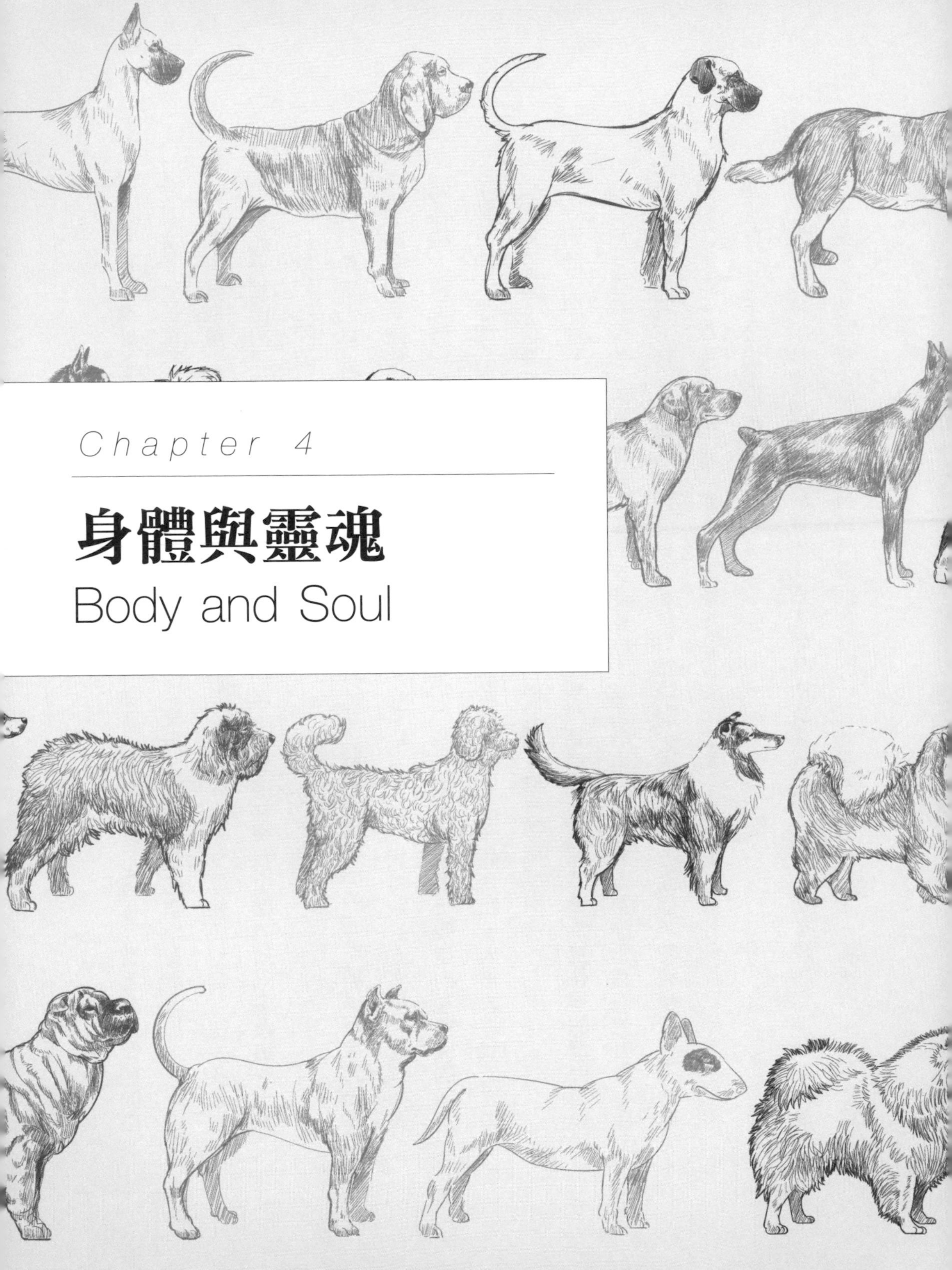

賽弗絲有時會發出介於嗚咽與嗥叫之間的聲音，我開玩笑地形容那些聲音是她試圖開口說英文。一般來說，儘管有語言隔閡，我還是可以充分了解她。我知道她喜歡散步，熱愛她的人類家庭成員，她對我們的貓抱持著矛盾的態度，她偏好人類食物勝於狗食，諸如此類。但是她與她的弟兄們無法直接告訴我們牠們的感受，實質地在像我這樣的科學家與這些毛茸茸的對象們之間架上了一扇屏幕。

心理學工具提供我們協助，讓我們得以自分隔我們兩個物種間的面紗加以窺視其間奧祕。精巧的實驗使得我們可以觀察發生於世界上的事物（像是一個特殊的人出現，或者指向物件的人類手勢）與我們的狗的行為（尋求接近牠們的人類，或遵循一個指向某物件的示意手勢方向）之間的關係。這些與許多其他的測試當然提供了很多的資訊，大幅改進我們對狗狗們的認識。但要單獨以這些行為研究來取得深層的潛在動機卻極度困難。

因此，即使我手邊的研究持續發展著，關於賽弗絲對我是有情感連結這件事的懷疑也與日俱增，讓我瀕臨一名行為科學家的技能極限。我同時也敏銳地意識到許多其他的犬隻心理學家並未與我一樣，對研究動物情緒的熱情日益熾烈，因而在這方面追求突破極限也不會有特別的助益。然而幸運的是，當心理學家拖拖拉拉，磨蹭不進之際，另外一群科學家——生物學家——正全速前進中。

近來多項的科學研究聚焦於找出狗對人類有所反應的生物基礎。這些實驗包括一些目前在犬隻科學領域裡，進行中且最為有趣而創意的研究計劃。而這些研究，就我所知，可能藏有我所需要以證明狗很特別是因為牠們具有在乎人類的能力，最為無懈可擊的精確證據。

如果狗與我們這物種相互有情感的投入，那麼我們應該在牠們身上找出這樣的證據——精確地說，啟動潛在情緒的生物機制。今日的科學家們已經找出一連串與人類特定情緒有關的神經學、荷爾蒙、心臟與其他心理學標記。所有動物在共享的演化史上相互關聯的事實，暗示了在哺乳類物種身上相同標記的類似活動，很可能指出牠們經歷了類似的內在狀態。

若狗真的在乎人類，牠們的情感理應也反應在牠們的身體上。只要我們能透過正確工具照亮深埋於狗的生理中，能揭露其獨特性的證據，它便能被看見。

當我們提及情緒時，我們很自然地會傾向提及心臟。這是有好原因的：我們的情緒往往能加速我們的脈搏。巴夫洛夫與岡特早在一世紀前即已明白這個道理，當他們成為第一組人，將電極固定在一隻狗的胸膛上，測量牠發現有人進入牠所處廂房時的心律變化。這兩位科學家得以推斷狗所熟悉的人在場時，能令這焦慮的動物平靜下來。

這條研究路線近日被兩名澳洲研究者所重拾：澳洲天主教大學的克雷格．杜肯（Craig Duncan）及澳洲摩納希大學的米亞．柯布（Mia Cobb）。他們一起進行了一項完美呈現的實驗，成功掌握到狗與人類的情緒同步時，兩顆心臟「合而為一」，形成共同的心跳。這項研究在一家狗食公司的支持下進行，讀者可以在線上看到影片〔請上YouTube打關鍵字「寶路心對心」（Pedigree hearts aligned）」。我認識參與該項研究並與米亞·柯布本人聊過這研究的科學家，影片可能看來華而不實，但研究本身可是貨真價實的，研究結果完全具有說服力。

杜肯與柯布為三個人與他們的狗戴上心律偵測器，這些設備不只偵測一個人的心臟跳得多快，也探察當兩個個體同時被紀錄時，他們的心跳是否會同步。

為了這項研究，杜肯與柯布選擇了三名受試者，皆與他們的狗有特別強烈的相互依存關係。格蘭是一名建築工人，因他工作時所站立的鷹架倒塌，導致重大傷害；他說在這次的工地意外後，自己走上了一條「黑暗之路」，他將重燃生命意志的功勞給了他的狗賴瑞克（Lyric-[1]）。艾莉絲自出生以來就是一名聽障人士；她的狗朱諾，就像她的耳朵，讓她掌握周遭環境的動態與事物，而這些是她本身無法感知的。席安娜是一名因她的狗馬克思，過世而悲痛至極的年輕女性。她不認為會再有任何一隻狗像馬克思那樣對她來說意義重大，但是她的新狗——傑克，下定決心要證明女主人是錯的。

研究者只要求受試的主人輪流坐在一張板凳上；他們在受測人類的胸口裝上一個心律偵測器。在全數三次的測試裡，杜肯與柯布可以從出現在他們電腦銀幕上的心律紀錄，看出他們的人類受測對象處於因此情境而引發的輕度壓力下。那是一種怪異的感覺，有個你不習慣的測試器綁在你胸前，然後坐在一張板凳上還有攝影機對著你，捕捉你的一舉一動，這必然造成了一點小小的焦慮。一旦每位受測者坐定了，這位受測者的狗也戴上了心律偵測器，便被帶進房間裡。

在狗與主人會面的那一刻，人類的心跳便開始下降，顯示出放鬆的跡象，很快地，人類與狗的心跳模式變得同步：事實上，兩顆心呈現單一心跳。它是你能想見，存在於人類與狗之間，信任的親密關係最美麗的展現。

這是一個或許你不該在家自行嘗試的實驗。即便你有自己的心律偵測器，我不建議在沒有專業的協助下，試圖將心律偵測器裝到狗身上。儘管如此，你還是可以找到同樣現象的證據，當你與你的狗坐在一起時，那種平靜與深度放鬆的感覺是不變的。每個享受與狗之間充滿愛意關係的人，都經歷過這種平靜安詳的親密感。

心律偵測器不是特別昂貴或難以取得的物品，所以它們提供科學家們一個相對易於取得資料的方式，來研究與一名特定的人類有親密關係的狗在身體上會發生的事物。但是來自喬治亞洲亞特蘭大埃默里大學的格雷戈里·伯恩斯（Gregory Berns）所進行的研究，則使用了非常昂貴的設備。他對於狗如何回應人類的生物基礎分析，直指控制我們所有動機的器官核心：大腦。

二〇一二年時，伯恩斯是在神經學這相對新興領域的知名教授，他們利用神經科學工具以了解人類「經濟決策」（economic decision）的方式。伯恩斯和他的同事們訓練人們筆直地躺在核磁共振掃描機（MRI）內。這些機器採用強大磁場以產生奇妙而充滿細節的影像——清醒狀態下活生生運作中的腦部照片。將個體進行不同心智活動時所捕捉到的腦部影像，以一種稱為功能性磁振造影（fMRI）的技巧加以比較，科學家們得以推斷出專責不同思想域的大腦部位。

伯恩斯的團隊針對他們測試的對象在思考不同的實際問題時，所獲得的大腦活動照片是如此精細，因此他們可以判斷出大腦裡負責處理不同面相的實質資訊該特定中心區塊。

由於要保持一個人的頭部完全靜止不動是使這項方法成功的關鍵，唯一以此方法掃描個體身體的物種只有我們自己。伯恩斯總視狗為他的家庭成員之一，並且很好奇他所鍾愛的，充滿情意的小野獸在度過一生時到底在想些什麼，這謎團非常引人入勝，但他從未曾想過功能性磁振造影可用來更深度了解狗的大腦。

然而當他聽說二〇一二年五月刺殺賓拉登的突襲任務時，伯恩斯閃過一抹靈感。引發他注意力的是完成這項任務的美國海軍三棲特戰隊（海豹部隊），還包括一隻狗，精準地說是一隻比利時馬利諾犬。當伯恩斯在他精采絕倫的回憶錄裡重述他如何發展這研究新路線時，他對一幀軍事工作犬綁在一名士兵胸前，自飛機內跳傘而出的照片留下深刻印象。對於一隻狗能被訓練到應付這樣極端環境，伯恩斯非常震驚。這隻狗（就像那名士兵）戴著氧氣面罩，而飛行器所發出的噪音想必非常大，更別提自這樣高度從天而降的感覺了。

狗能被訓練在如此極端的條件下執行不可思議的壯舉，這事實點然了伯恩斯的想像，並啟發他進而去執行一系列關於犬隻大腦的突破性實驗。這些實驗最後提供了強而有力的證據，支持「讓狗特別之處，在於牠們與人類間相互的情感投入」這理論。

伯恩斯帶他最近養的狗凱迪去參加馴犬師專家——馬克・斯皮瓦克（Mark Spivak）的小狗狗訓練課程。現在伯恩斯問斯皮瓦克，他是否覺得狗是有可能被訓練到在大腦掃描機器裡保持紋風不動。

伯恩斯深知要取得狗大腦的功能性磁振造影（fMRI）數據，他需要與這些動物們合作。為了讓核磁共振掃描（MRI）機器產生個體頭部內正在發生中的詳細影像，病人或研究對象必須在嘈雜且具壓迫性的掃描儀內保持全然不動。核磁共振掃描（MRI）機器都很容易誘使那些被解釋過這程序是安全無害的人產生焦慮；一隻狗，無法經由事前解釋讓牠安心，又怎麼能躺在這麼不舒服的環境下一動也不動？

斯皮瓦克很快地就說服伯恩斯，這是有可能辦到的。經由現代而人道的訓練方法，他相信讓狗靜臥在大腦掃描儀裡被研究是有可能的。

伯恩斯與斯皮瓦克組成一個合作團隊。他們一起建造一個簡單的木框，狗被訓練在木框裡臥倒，就像獅身人面像那樣，牠們的腳掌放在頭的兩側。伯恩斯自大腦掃描流程中錄下核磁共振機器的噪音，而斯皮瓦克則訓練狗戴耳機，他在耳機裡播放那些噪音，直到狗對掃描機器的點擊聲與颼颼聲完全習慣。

伯恩斯與斯皮瓦克繼續打造核磁共振掃描機器的實體模型，所以狗能習慣處於掃描儀其狹窄而壓迫的隧道空間內。他們還將這模型搬至桌上，訓練狗走上樓梯，臥倒在這木製掃描儀框架裡，在那裡面牠們從耳機裡聽到令人不耐的噪音，那是牠們將會在真的核磁共振機器裡聽到的噪音。在這小心翼翼形塑狗的行為這漫長過程中，斯皮瓦克與伯恩斯只採用正向強化（食物），同時，直到他們能從狗的行為看出牠們全然適應並準備繼續時，才進行下一步驟的訓練。

最後，經過幾個月的訓練後，斯皮瓦克與伯恩斯覺得受訓的狗狗中有兩隻已經可以爬進真正的掃描儀內，並在裡面保持完全不動。在訓練過程中，這些狗表現得非常良好，讓研究人員很放心牠們能應付被禁閉在這奇怪的隧道裡，還有測試中會產生的噪音與振動。

一旦他與斯皮瓦克讓狗舒服自在地置身機器裡，伯恩斯開始進行數項研究。伯恩斯對狗狗對於牠們的人類有何感受這件事，與我一樣有著極大的興趣，他決心試試看自己是否能找出在牠們大腦中，關於狗與人類間情感連結的證據。但為了解讀狗的腦如何回應有人類的作伴，他首先需要確認他的技術可以辨識大腦的特定區塊涉及處理簡單而無爭議的獎勵，例如食物。只有在他知道狗如何回應一點都不矛盾或模稜兩可的食物獎勵時，他才能依據狗的腦部活動來推論有人類作伴對狗來說具有獎勵性質。

為了看到狗的大腦中哪個區塊會因為即將到來的獎勵而變得活躍，伯恩斯不能只是在狗待在掃描機器裡時向牠們展示食物。狗看到食物後可能會開始坐立不安，然後流口水，這扭動極可能搞砸取得腦部活動其清晰影像的企圖。相反地，伯恩斯與史皮瓦克教導狗一個手勢信號（左手垂直豎立），暗示牠們可期待食物到來，第二個手勢信號（雙手維持水平，指尖相觸）則指出沒有食物到來。這兩隻狗都能做到長時間保持頭部不動，即使在兩個不同的手勢信號下也是，這讓伯恩斯與他的合作者得以對大腦中哪個區塊變得活躍取得良好的判讀。

從這最初的研究裡，伯恩斯與他的同事發現，當狗期待某些有吸引力的事物時，牠們的大腦運作就像人類大腦一樣。神經元在大腦非常特定的區域，稱為腹側紋狀體（ventral striatum）中發射。這區域屬於一個稱為「紋狀體」（striatum）的神經元叢亞區，在大腦獎勵系統裡扮演重要角色，這又與各種行為有關。因此，發現這一區域在狗期望獲得獎勵時變得活躍，證明了伯恩斯和同事的方法。

起初的實驗只有兩隻狗受測。鑑於訓練需要大量的時間與心力，伯恩斯、斯皮瓦克及同事們不想花費時間和精力訓練更多數量的狗，除非他們能證實這個方法有可能成功。現在有這項初期實驗結果在手，團隊著手訓練更多的狗，目前他們擁有超過九十隻能完全靜止不動地臥躺在核磁共振掃描儀內的狗狗大軍團。

成功展示他們能將狗回應食物獎勵時，腦部活動的特定模式視覺化，伯恩斯、史皮瓦克與其團隊朝向他們真正要探究的事物前進——找出狗對於人類感情的腦部活動證據。他們測試了十二隻狗，讓每隻受測的狗事先嗅聞一塊有其氣味的布料、一塊有牠熟悉人類氣味的布料，和三塊分別有陌生人、熟悉狗、陌生狗氣味的布料。這次研究人員發現腹側紋狀體主要是由熟悉人類的氣味所啟動——即這隻狗的主要照顧者。與食物獎勵相關的腦部中心活動，確認狗的大腦在處理鍾愛的人類存在時，將此視為極大的獎勵。

一位憤世嫉俗的人可能會爭辯，當腹側紋狀體啟動以回應狗主人的氣味，未必真能證明狗想到與牠同居的人類，而感覺獲得獎勵。這比較有可能是因為這個人已經餵養狗非常多次，這特定人類的氣味讓狗想到食物，牠腦部的獎勵中心因為這聯想而被啟動。

我在一次研討會上遇到格雷戈里·伯恩斯，並親自向他解釋我的不自在。我甚至建議他，將他的實驗放在某些與狗有緊密關係，卻因某些原因無法親自餵養牠們的人們身上試驗。他很正確地指出，要找到與狗同住卻從未餵過牠們的人並不容易，他也向我保證，他有一個進行中的實驗，很有把握能解決我的擔憂並排除實驗的不確定性。

想當然耳，伯恩斯與埃默里大學團隊想出了比我的建議更為聰明的方法。這項研究分為三階段，所以它會有一點複雜，但豐厚的回報讓這實驗是相當值得的。

首先，伯恩斯與他的團隊找來十五隻狗，並訓練牠們靜臥在核磁共振掃描儀內。當每隻狗躺在其中時，研究人員向狗展示的信號燈，不是提示食物獎勵，就是通知狗，牠覺得重要的人即將來讚美牠。若這研究人員在長棍的盡頭放一輛塑膠玩具車且向狗展示，那表示主人將會花三秒鐘時間稱讚牠。如果狗看到的是塑膠玩具馬，那表示牠將會得到一小塊熱狗作為獎勵。以這方法，科學家們在每隻狗身上都取得腦部獎勵中心受到食物獎勵啟動，及因為對牠而言特殊的人類讚美而發動的測量資料。

在第二個實驗裡，他們重複同樣的實驗流程，但只有塑膠車的讚美信號。但這次他們偶爾會將正常情況下，會在塑膠車展示後出現的獎勵（人類與讚美）排除在外。當承諾的獎勵並未實現時，表達失望的大腦信號是對大腦活動的一種翻轉測量，它暗示當獎勵確實發生時會誘發幸福感。

從前兩個實驗中，伯恩斯與他的團隊現在有了兩個指涉狗重視來自人類社會獎勵的神經信號。在第一個研究裡，當食物或社會獎勵被一致地告知時，他們可以測量與人類讚美有關的腹側紋狀體中，大腦活動的程度，並將它與對回應食物的啟動程度加以比較。這兩種信號間的差異形成一個測量標準，顯示出相較於食物，每隻狗對人類讚美的重視程度。在第二個實驗中，獲得預期的讚美與因為未實現而導致的失望之間的對比，形成第二個狗重視人類讚美的測量標準。

結果這兩個測量標準竟息息相關。像珍珠這樣伯恩斯形容為「結實且精力充沛的黃金獵犬」，對讚美所產生的腦部活動比對食物來得強烈許多，在預告人類讚美的信號出現後，卻沒有出現所承諾的結果時，這時腦部活動所產生的差異也最為顯著。在其他極端的案例中，一隻名為松露的狗，牠的腦部對於人類的讚美顯露出非常低度的興奮（相較於食物），當讚美未曾出現時，表達失望的神經學證據也近乎付之闕如。十五隻受測的狗中僅有兩隻狗顯示食物比人類讚美更強烈的腦部活動結果，其他十三隻狗不是較受讚美而啟動腦部活動，就是這兩種獎勵的腦部活動啟動差異不大。

但這研究最巧妙之處還在後頭。在第三個實驗裡，同樣的受測犬們被帶回來，一一進入一個大房間內，並被給予在兩條路徑中選擇：一條將走向牠們坐著的主人那裡，他們已準備好要讚美並拍撫自己的狗；另一條則會帶狗走向一碗裝了狗食的碗。坐著的主人與裝了狗食的鮮黃色狗碗，於狗在兩條路間抉擇時皆清晰可見。

每隻狗都測試二十次——有二十次機會在食物與來自主人的拍撫間選擇。

伯恩斯與他的同事們發現，大部分的狗偏好來自主人的讚美勝於一碗狗食，但他們觀察的結果顯示狗對拍撫的偏好，超過對食物的平均值。因為這些受測的狗也都接受過核磁共振掃描儀的掃描，伯恩斯的團隊得以在狗的腦部活動模式的基礎上考慮這些行為。最令人振奮的發現是每隻狗對主人或狗食碗的偏好，基於掃描儀所揭露的腦部活動模式，可以被正確地加以預測。像珍珠，其大腦顯示對人類社會的讚美較食物有著壓倒性的偏好，當在兩條路徑中給予選擇的自由時，選擇給予讚美的人類也比選擇食物高出兩倍的次數。另一方面，像松露這樣腦部對讚美的回應較不強烈（相較於食物）的狗，選擇食物多過選擇人類，在給予機會直接從兩者中選擇時，選擇食物與人類的次數比例為三比一。伯恩斯向紐約時報（New York Times）總結他的研究結果：「我們可以歸結說絕大多數的狗，愛我們的程度至少與牠們愛食物是一樣的。」然而他的團隊所進行的研究實際上揭露了更多，不僅有許多狗偏愛牠們的主人勝於食物，在狗的大腦區域裡，處理牠們對我們產生興趣的部位，發生在與回應諸如食物這種基本獎勵的相同區域。

伯恩斯成功解開狗的大腦如何處理牠們對人類的偏好，令人震驚不已。狗或許不會說我們的語言，但透過伯恩斯與他的團隊其發明、創造的能力，現在牠們的大腦可以直接與我們對話，而這訊息既響亮又清晰。狗對人類的親近源自於牠們的腦部深處，而牠們的神經活動還能測量牠們有多在乎我們，說狗是建立在情感上的生物或許一點都不牽強。

🐾🐾🐾🐾

透過訓練狗靜臥於大腦掃描儀內，並觀察牠們想到對牠們而言特殊的人類時，腦部哪個區域變得活躍，格雷戈里·伯恩斯和他的同事們指出，狗對人類的情感投注來自於大腦整體區塊內的特定區域。

但區域並非大腦的全部。化學是測量腦部活動另一個極度重要的面相。確實，沒有化學物質我們將不會有任何腦部的功能。我們的神經細胞以稱為「神經傳導物質」（neurotransmitters）專門的化學物質相互溝通，而我們的大腦亦以化學荷爾蒙來協助我們身體的各項活動。

這些神經化學的研究是今日生物學界最令人期待的前線，有助於讓科學家們克服人類與其他物種間的語言溝通隔閡，特別是狗。一如大腦區域內含有人類對狗多有意義的重大線索，狗大腦裡的化學物質也對我們這兩種物種間的關係提供無與倫比的洞見，還有一些我們對我們的狗狗有多重要的驚人證據。

最近的研究指出有一種特定的荷爾蒙在人犬關係中扮演主要角色，那就是催產素（oxytocin）——這個字來自希臘文，意即「快速生產」。這個物質首次由英國人——亨利．哈利特．戴爾爵士（Sir Henry Hallett Dale），於一九〇九年確認在大腦特定的區域內有某種物質會造成子宮收縮。文森特．迪維尼奧（Vincent du Vigneaud，儘管他這看來極其法國化的名字，卻是不折不扣的美國人）因為找出這化學物質而獲得一九五五年的諾貝爾化學獎，這是第一個被科學家找出全部特點的胜肽（由氨基酸所形成的生物化學物質）。催產素是一種神經肽（neuropeptide），這表示它是一種對腦細胞活動直接產生影響的胜肽。

起初被認為是專門針對女性生產與泌乳的獨特活動而存在，如今人們了解到這重要的胜肽普遍存在於哺乳類兩性身上。它對親密關係裡的種種行為有著很廣泛的功能。舉例來說，當一隻母鼠懷孕，她的催產素增加，神經肽程度的改變讓她對小老鼠們產生興趣。科學家為一隻處女鼠注射這激發母性的胜肽後，她就變得開始對小鼠們感興趣。在羊的身上也是，生產過程中所釋放的催產素讓這隻母羊清楚地記得新生小羊的氣味，因而得以確認並照顧她自己的子女，而非其他母羊所生的小羊。

對於催產素扮演在個體間，強化相互情感連結之角色的研究，為狗與人類間關係的研究所能產生的嶄新風貌奠立基礎。這些研究指出狗對人類的情感遠超過行為層次，超越腦部掃描結果，直指向狗的神經化學層面。我們現在發現狗腦部的化學物質，與牠們的神經區域運作一致，針對外在刺激（stimuli）產生情感回應，這中間掌握了理解狗對人類感覺的關鍵，以及在牠們大腦裡哪個區域，又是如何產生對我們的情意。

我們對催產素如何驅動情感行為那不成比例的認識，來自於對一種居住在美國西部，直至加拿大中央廣大且平坦地面的一種小型囓齒動物的研究。草原田鼠並不像其他近親物種，通常是一夫一妻制，並由雙親共同承擔照顧下一代的責任。研究人員發現催產素控制了草原田鼠在面對生活伴侶在場與缺席時的反應。例如，一隻雌性的草原田鼠通常會對她的伴侶展示偏好，但若是其他的陌生雄性草原田鼠在場時，予以注射催產素，她便會輕觸不熟悉的雄性草原田鼠表達興趣。（類似效果也會出現在雄性草原田鼠身上，只是結果較不明確。）

催產素也對草原田鼠對待子女的方式扮演關鍵的角色，一如牠們的伴侶，所以牠們腦部對此神經化學物質反應的區域也一樣。研究人員先是發現，當他們注意到個別的雌性草原田鼠對自己物種的小孩，其感興趣的程度不同時，這項變異數與牠們大腦特定區域內的催產素受器數量緊密相關，那區域叫作——想必你猜得到——腹側紋狀體。

腹側紋狀體自然就是格雷戈里．伯恩斯與同事們，在研究中發現狗對牠們重視的人類在場時大腦會變得活躍的區域。這個區域是屬於一個稱為「紋狀體」的神經元叢亞區，在大腦獎勵系統裡扮演重要的角色，這又與各種行為有關。很重要地，它也是大腦裡受催產素刺激，產生神經元回應密度最高的區域。

綜上所述，草原田鼠的研究結果（也包括對老鼠、羊及其他動物的相關實驗）給予我們關於特定的大腦區域與特別的大腦化學物質合作，以鞏固同物種間的情感連結，其前所未見的清楚認知。近年來，研究人員們已經將他們的研究加以擴展，將人類與我們的犬隻朋友間的關係納入考量。

有愈來愈多證據指出控制其他動物在同物種內連結的相同神經與神經化學物質，可能啟動狗與人類間的跨物種關係。腹側紋狀體內的催產素似乎在狗對我們產生興趣這件事上發揮功用，一如它對一隻雌性草原田鼠對她的伴侶及子女間的作用。或許對此現象最為驚人的研究來自日本；它聚焦於催產素在發展與維持情感連結上的角色與功能。

動物行為學家菊水建史（Takefumi Kikusui）與他在東京郊區的日本麻布大學的同事們，是了解催產素如何調停狗對人類回應的研究前鋒。二〇一一年六月我很幸運地得以參訪他們的研究設備，我必須承認我相當嫉妒他們的裝備。菊水有一棟特別大樓以專門進行對狗的研究，還擁有可同時研究行為科學及荷爾蒙分析的設備。但真正讓我艷羨不已的，是他們得以自家中將狗帶至實驗室來，所以當我前去拜訪菊水與他的同事們時，我們與他的三隻標準貴賓犬共享他的辦公室。

除了研究催產素對於實驗室內動物們面對牠們重視的人類時，其行為所產生的作用，也可以研究催產素對在我們自己這物種身上的反應與作用。當將胜肽噴灑在志願受測者的鼻子時，些許催產素會進入大腦，好幾位科學家以此手法操作人類研究對象其腦部的催產素濃度，讓他們得以觀察這強大的神經化學物質其濃度改變的結果。舉例來說，研究人員已經能顯示經歷催產素濃度提升的人類，較容易相信陌生人。體內催產素被以人工方法大幅提高的人，也較容易記得他人的臉孔，並且較易於成功定義照片內的臉孔所表達的情緒。這現象背後的原因似乎來自於高濃度催產素會促使人們更專注地凝視其他人的眼睛。

菊水的研究團隊結合數項研究技巧，以便達到真的很有趣的實驗結果。舉例來說，他們從志願受測者身上取得尿液樣本，並訓練每位受測者的狗依指令小便，如此他們能分析在人狗互動時，狗與人類身上其催產素的變化。除了他們獲取催產素變化資訊的方法，他們也利用無痛科技將催產素噴灑於受測個體的鼻子，包括人犬關係中的兩位成員，以操作這神經肽的濃度。當這名受試者與她的狗互動時，研究小組也以錄影機拍下人犬互動，以便評估在不同催產素濃度下，狗與人類的行為有何改變。

以這創新方法測量人類與犬隻研究對象的神經化學物質，菊水與他的合作者發現不可置信的事實：人類與狗狗腦中的催產素濃度，在他們看入彼此眼中之際爆衝。這效益的強度視狗與主人間其情感連結的強度而異；與狗有非常強烈的情感連結的主人們，被發現他們的狗往往會凝視主人較長時間。這結果導致這些人經歷了更大濃度的催產素增加，相較於那些與狗情感連結沒有那麼強烈的人。菊水的團隊也發現如果在狗狗身上使用催產素，狗狗會更常望向牠們的主人，那時當他們測量這人尿液內的催產素濃度時，他們觀察到這人體內的催產素激增，即便被投以催產素的不是主人而是狗。日本麻布大學研究團隊也發現在被施用催產素後，狗更傾向與人類玩耍，而不是與其他的狗。

這些實驗結果完美地反映了對我們自己的物種中，母親與嬰兒互動的觀察：體內催產素濃度較高的母親凝望嬰兒臉孔的時間，遠較於那些濃度較低者更久。任何雙親，不論雄性或雌性，都能感受到此時此刻母親們經歷過的強大激情。只要想像深沉的情緒潛流，在相似的情境下流淌於人類與狗之間，而同樣的元素也在他們的神經機制裡猛烈地爆發。

這些發現真是令人極度雀躍不已，而它們還只是冰山一角。對於催產素在人犬間的強大連結所扮演的角色，其尖端研究正在全球各地進行中。若我要給針對人犬催產素研究的國家排行榜打分數，另一名領導地位的競爭者，除了日本之外，就屬瑞典無誤。

在最近一次前往瑞典的參訪行程裡，我非常希望能盡量與更多瑞典的催產素研究者會面，但我的行程受限於不同因素，我個人非常景仰其作品的年輕瑞典科學家——德蕾莎・雷恩（Therese Rehn）因為喜獲麟兒而忙得抽不出空來，不過我們還是得以擠出幾個小時在斯德哥爾摩中央火車站享用咖啡與茶，在緊湊的菲卡（瑞典文「咖啡時間」之意）間，我們盡量交流、分享。雷恩提供了關於人犬連結中，催產素所扮演的角色其更多驚人的細節。

與同事們在位於烏普薩拉（Uppsala）的瑞典農業科學大學（Swedish University of Agricultural Sciences）裡，雷恩檢測了令我始終覺得，是我們的狗對我們展現情意最深沉的意符：當我們自缺席多時後回家時牠們對我們的回應。當我想到，我所知道狗如何對我展現牠們對我的感覺，那是在經歷一段時間分離後我們再度重逢時，牠們所表現出的行為，這是牠們對我們展現情意最強烈的表達方式了。在亞利桑納州鳳凰城，人們被允許帶他們的狗進入機場。看著賽弗絲眼見我太太或兒子自安檢線不遠處現身時的那股興奮之情，真的是很震撼。我幾乎都要為賽弗絲能如此淋漓盡致地表達自己的感受，甚至比我還要好而感到嫉妒了，看看她的體態與行為，她是如此開心能與我太太或兒子再度相聚。我那英國佬的保守天性，讓我無法在公共場合裡對我所愛的人做出過度關懷、體貼的行為，但賽弗絲沒有這樣的禁忌，在跳躍起來試圖偷走一記親吻前，她哭叫，她壓低身體，低低地搖擺著尾巴。陌生人會轉身盯著看，但她完全不知道自我意識為何物。

我愛極了這研究的點子，在這熟悉而神祕的時刻裡，狗的腦子裡到底發生了什麼事：這對另一物種成員的顯著情感大發作。為了進行他們的實驗，雷恩與同事們，對十二隻小獵犬在每隻狗認為意義重要的人類離開房間前，及離開二十五分鐘後，測量牠們的催產素濃度。人類被分為三組，每一組分別得到在這短暫離別後再重聚時不同的行為指令。三分之一的人們被要求對狗施以友善的口語及肢體接觸（像是柔聲說話與撫摸）；另外三分之一的人們只以愉悅的聲調和狗說話；最後三分之一的人則被告知什麼都不做，只是消極地坐著閱讀書籍。在每一次重聚時，人類與狗狗會一起被觀察四分鐘。

雷恩的團隊發現即便為牠們的人類所忽略，狗狗還是在重逢時呈現催產素增加的現象。然而，當人類對狗表現得愈投入，狗體內催產素增加的時間便持續得愈久。這些研究結果指出，狗對於牠認為很特殊的人類再度出現時，其明顯的情感反應，確實是以大腦機制為基礎，而這機制被認為是與個體間最重要的情感連結相關。

另一名我計劃在停留期間會面交流的瑞典年輕人，是林雪平大學（Linköping University）的米亞·佩爾森（Mia Persson），她的調查將催產素在人犬關係中的角色帶入一個更深度、更令人興奮的境界——直接進入帶有能啟動催產素對腦部產生影響的特定基因。經由檢視狗的脫氧核醣核酸（DNA）與牠們那或多或少因與人類接觸而興奮的傾向性之間的關係，佩爾森與合作者們真正地在生物學分析其最深層的面向上，量測狗對人類感覺的深度。

佩爾森與她的同事們找來六十隻黃金獵犬，逐一與主人一起被帶入測試房間。然後研究人員在狗與一個不可能解決的問題奮戰時，朝向牠的鼻子噴灑催產素，為了這個任務，這隻黃金獵犬被提供一些清晰可見的零嘴，但這些零嘴被放在一個具特製結構的容器裡。很快地，在這情境下的狗便會以懇求的眼神，望向最接近牠的人類以尋求協助。（你可以很容易地自行測試實驗中的這個部分。當有能轉向尋求幫忙的人類在場時，狗放棄為某個事物努力的速度之快，簡直令人覺得窘迫。）或許讓人驚訝不已的是，有鑑於我們在日本所進行的實驗裡所見到的，這些催產素爆衝的狗並不會——平均來說——比控制組的狗看望牠們的人類更久，而控制組的狗並未接受這神經化學物質噴灑。

但佩爾森的研究還有一個額外的層次。她與她的團隊以棉花棒拭子，自每隻狗頰內取得脫氧核醣核酸（DNA）樣本，以這些基因資料分析牠們的腦部受到催產素刺激而產生反應的回應受器基因。他們所發現的結果顯示，並非所有的狗對催產素都會有相同的反應，這有助於解釋個別犬隻對於人類的情感回應強度皆有所不同。

林雪平大學的研究者發現，帶有大腦催產素受器密碼的基因，僅以四個DNA字母中的兩個字母，即A和G拼出。由於每個有機體皆有二組基因，所以任何一隻狗都可以自下列組合拼法中，獲得一個催產素受器基因：AA（兩個A）、GG（兩個G），或AG（兩個字母各一個）。這看來微不足道的差別，似乎對於狗狗們處理催產素時產生了重大影響，以及牠們如何與人類產生連結。

相較於第二及第三組拼法基因的狗來說，具有第一組拼法的催產素受器基因的狗展現出明顯更為人際取向的行為。比起其他兩種版本基因的狗，具AA版本的狗狗們更快地向牠們的人類尋求協助，而當催產素被噴灑在牠們的鼻頭時，AA型催產素受器基因的狗更可能轉向人類以尋求協助。

這項令人大為振奮的結果連結了狗對我們的情意，與牠們（和我們）生理上最基礎的構造塊：基因密碼。佩爾森與她的團隊所進行的研究，向我們顯示一個基因的特定形式如何影響神經受器，決定了狗對人類的行為，串連起為表達情感狀態，由最底層的生物特性到最高層的行為這漫長曲折的直通線。這是一件令人驚訝的事——邁出研究狗對人類感覺，踏出關於狗對人類感覺的新研究浪潮的第一步。

研究人員也發現狗的脱氧核醣核酸（DNA）與牠們和人類連結的關係上，其他有趣的差異。舉例來說，安娜·奇斯（Anna Kis）與她的同事們在匈牙利布達佩斯尖端的家庭犬計劃（Family Dog Project）研究中即指出犬隻基因驚人的複雜性，為米亞·佩爾森的催產素受器基因之研究增添更引人入勝的曲折與吸引力。奇斯與她的同事們調查兩種不同品種的狗，並得到具有不同模式的結果。當他們噴灑催產素在德國牧羊犬與邊境牧羊犬的鼻頭上，實驗結果不但直接與一隻狗所擁有的催產素受器基因有關，亦為這隻狗的基因形式及品種組合所決定。德國牧羊犬在噴灑過催產素後，若牠具有特定形式的催產素受器基因，牠會表現得更為友善。但是邊境牧羊犬若擁有會讓德國牧羊犬比較不友善的基因形式，牠反而會表現得比較友善。

這顯示了基因與行為之間的關係可以有多複雜。德國牧羊犬與邊境牧羊犬的基因組必須有相當的異處，才能引發這些牠們對神經肽催產素的行為回應上其細微的差異。特別的是，這兩種品種的基因密碼分歧，必然影響了牠們的催產素受器如何與這神經化學物質相互反應的方式，進而產生了我們所見到這兩種狗表達情意的行為模式。

從款款深情的行為，到產生情意的荷爾蒙，再到攜有大腦內荷爾蒙受器密碼的基因，科學家們挖掘得愈來愈深入，進入狗的生理本質，發現愈來愈多證據顯示牠的身體被編入情感連結的程式。但這樣的證據雖然很有說服力，卻未能證明狗在這方面是獨一無二的。它沒有回答讓我第一時間走上這任務的問題：讓狗如此特別的原因是什麼？

身為一名行為科學家，我很自然地會被知會關於狗的行為研究的研究與實驗。然而我可能無法否認，在任何兩種物種間決定性的差異——行為上的或其他方面，都必須歸結到彼此的脫氧核醣核酸（DNA）上[12]。

因此，如果有任何讓狗顯得獨特的事物，我明白那必定與牠們的基因有關。任何在狼群與狗之間不變的，無法分割的行為模式必然都寫在基因密碼內。當然它可能不是很容易被找出來，但它一定藏在某處。米亞·佩爾森與安娜·奇斯的研究發現對於基因如何影響狗的特徵行為，提供了一點線索，但一定還有其他像這樣的證據。

我們現在知道拼寫出狗的基因密碼這本「大書」上的每個字母。那是因為在二〇〇四年時，一隻名為塔莎（Tasha）的拳師犬成為第四個擁有完整基因組序列的哺乳動物，這是由來自麻省劍橋布洛德研究所〔（Broad Institute），他們發音為「布洛艾德」（bro-ed）〕的克爾斯汀·林伯托（Kerstin Lindblad-Toh）所主持的研究計劃。這資訊在協助我們了解基因疾病方面，像是狗罹患的癌症，被證實極為有用。這一突破所產生的啟示，也成為揭開讓狗如此特別的奧祕之關鍵。

在第一隻狗的基因序列出版了五年之後，來自加州大學洛杉磯分校（University of California in Los Angeles）的一名年輕遺傳學家——布莉姬·方荷特（Bridgett vonHoldt），帶領一組團隊，出版了一份論文，其標題相當地承諾會帶來極為誘人的揭露：「狗狗馴化的潛層豐富歷史」。光是標題就足夠讓我上癮了，說來一點都不誇張，我在這份學術文章中所讀到的，讓我對狗能成為牠們現在那獨特樣貌的事物大為改觀。

方荷特與同事們解釋了他們一路走來，如何從找出狗的基因組（事實上是九百一十二隻狗的基因組），將之與狼的基因組比較（實際上是二百二十五匹狼的基因組）。研究人員必須一一觀察小段的基因物質，檢視是否呈現近期演化的特徵。當我們討論狗時，「近期演化」意味著某些狼變成狗的過程，這過程一般上來說被稱為馴化。所以方荷特與她的同事們，實質上是找出讓狗之所以成為其今日樣貌的基因變化。

我嚴重懷疑每個人都覺得科學學科的語言都相當深奧艱澀，除了他們自己受訓的部分外；但對我來說，遺傳學家真的是這其中最討人厭的。我與當時的研究所學生莫妮可．烏黛爾（現為奧勒岡州立大學教授），讀了又讀過方荷特與合作者所撰寫的這篇論文。起初我們無法察覺看來與我們所關切的問題有相關的任何事物——以心理學層面來說，到底是什麼讓狗這樣地特別。有些基因是「關於記憶形成與／或行為敏化」，還有一些有趣的片段或章節，但似乎沒有針對是否狗「因為其智能或有能力形成情感連結，而與眾不同」這問題的探究。

然後我們讀到一段跳出於我們眼前的「遺傳學語」：「研究人員觀察到一種近似人類威廉斯氏症（Williams-Beuren syndrome）的基因突變……其特徵包括像是非凡的交際能力等社會特徵。」

「非凡的交際能力」，這難道不是最能總結在行為科學的研究領域裡所見現象的說法？我馬上跳起來跑去對威廉斯氏症做了一點研究，並立刻發現威廉斯氏症（這是它眾所皆知的說法）有許多症狀，但其中最為鮮明的特徵就是極度誇大的社交性（sociability）。

患有威廉斯氏症的人不知道什麼是「陌生人」。對他們來說，每個人都是朋友。對威廉斯氏症患者其典型的敍述是「外向活潑、高度社交、極度友善、很有親和力、吸引人、對其他人展現極度興趣，並且不害怕陌生人。」

在美國廣播公司的線上頻道上，我找到一段電視節目《20/20》的片段，是關於在紐約上州一處針對患有這種症候群的兒童所行的夏令營。它稱之為「每個人都想當你朋友的地方」，採訪的記者凱瑞斯．科莫（Chris Cuomo）顯然完全無法抵擋他所獲得的熱情歡迎。在電視攝影機前毫無懼色，這些孩子以喋喋不休的問題攻擊科莫：他從哪裡來？他最喜歡的顏色是什麼？他有小孩嗎？還有一個小女孩，或許十二歲了，問他是否喜歡女孩子，然後在他回答：「我確實喜歡女孩子」時，雙手遮臉，咯咯地笑著，顯得很難為情。

觀看這段錄影帶時，我立刻想起在 YouTube 上有許多喜劇橋段，人們在劇情裡假裝自己是狗。我個人最愛是吉米．克雷格（Jimmy Craig）與賈斯汀．帕克爾（Justin Parker）的《貓朋友 vs. 狗朋友》（Cat-friend vs. Dog-friend），他們的觀賞次數截至撰文時已高達二千六百萬次。賈斯汀．帕克爾飾演狗，就像任何患有威廉斯氏症的兒童一樣：他極度友善，親和力十足，專注迷人……所有形容詞浮上心頭，精準地描述出現在電視節目《20/20》片段中的那些兒童。

我必須承認，我覺得觀看這些威廉斯氏症兒童的影片十足驚嚇，這聽來可能很荒誕，但我好像是觀看整個夏令營裡的人類孩童，都在假裝自己是狗。當我有這樣的想法時，我馬上覺得羞愧無比。不論一個人有多愛狗，沒有人（我希望）會想把他們的子女想成一隻狗。我自己的兒子，在當時與這電視節目片段中的某些兒童同齡。我不會希望有任何人把他去人類化，比喻成狗。

以情緒上來説，我為我所看見的感到相當失落；但以科學上來説，我非常地興奮。威廉斯氏症兒童的行為與狗的行為之間的連結，憑直覺來説非常強烈。這有可能是那消失的連結嗎？這是長久以來尋覓不著，關於讓狗成為如此非比尋常的生物之線索嗎？

我愈是試圖挖掘所找尋事物背後的科學含義，愈覺得被科學原理狠狠地打臉反擊。在我們比較狼與狗的行為研究中，莫妮可與我常常指出個體的行為，並非只是由特定基因遺傳所直接產生的結果。基因的影響力受到生活經驗的重度影響與調節。回到當我們與其他科學家爭論狼群是否能遵循人類示意手勢時，我們竭盡全力地解釋要能遵循來自不同物種成員的手勢，絕非一隻小狗——或者嬰兒——在出生時，即已形成的行為。即使我們自己的小孩也不是生來就能遵循他們周遭人類的示意手勢，只有在他們一歲後，孩童才能遵循手臂指向與其他的肢體姿勢。莫妮可與我得以證明，某些狼，特別是過去被人類教養過的是真的準備好，願意遵循人類示意手勢，也了解其背後意義。牠們是狼群中的例外，儘管遵循示意手勢並了解其意義對狗而言相當普遍。

在努力嘗試強調經驗值遠勝過基因特性的重要性後，莫妮可與我對於為了一個基因研究的發現感到興奮這件事，覺得有點彆扭，但我們從未否認過了解基因與狗的生理運作方式間的關聯性。而且，最明顯的是，正是因為基因密碼，我們得以區別對被稱作狗的狼亞種，以及其他仍然被認定為狼科動物的狼亞種之間的不同。

在我們一同分享這興奮的時刻後，莫妮可搬至奧勒岡州大學去成立她自己的實驗室。她與我當然一直保持連絡，我們常談論到我們共同的科學研究興趣。我想約莫是在她搬去奧勒岡的一年內，莫妮可告訴我在一次研討會上她遇見布莉姬・方荷特，布莉姬已經確認威廉斯氏症的基因是狗自狼演化的過程中，其關鍵的基因改變。莫妮可與我想找方法測試，是否因為在兩種犬科動物基因組上的這微小變化，引發了狼群與狗在行為上的本質差異。我們決定聯手合作，共同鑽研這個令人興奮不已的問題。

莫妮可、布莉姬與我需要商討出一個方式，以確知布莉姬已找出自狼成犬的演化旅程中，改變的基因正是造成狗具「非凡的交際能力」其主要原因，而非其他威廉斯氏症的症狀與狗的特質有關。我們必須銘記在心的事實是，威廉斯氏症涉及大量基因（大約二十七個），而患有此症候群的人們顯現出不同程度的廣泛衝擊，不只是讓我們覺得有趣的社交行為。他們的臉部構造被形容為「小精靈」，他們可能有心臟問題，聽力超級敏感，他們通常會有智力受限與其他的問題。

在這一切的思考中，我有機會參訪維也納獸醫大學的狼科學中心（the Wolf Science Center）。對我來說，在那裡的所見所聞，令狼群與狗之間巨大的行為差異真正變得具體。

由動物行為學家科特・克特羅斯查爾（Kurt Kotrschal）、弗雷德里克・蘭傑（Friederike

Range），與佐菲亞·維羅尼（Zsófia Virányi）共同創立的狼科學中心，他們竭盡可能地在完全一樣的條件下，養育狗與狼群。狼科學中心坐落於酒鄉，在以城堡為中心散開的可愛村莊，位於維也納西南方約一小時車程處，其狼口數大約是二十四隻，皆由人工養育，所以牠們相當習慣有人類相伴。到我參訪這中心時，我已經在印地安那州的狼公園及其他幾處，有過與人工養育狼群相處的經驗，所以儘管我總是敬畏於牠們那雄偉、高貴的氣質，我卻不是專門為這些狼群而來，吸引我的是在中心裡的那些狗狗們。

為了盡其可能地在對狼與狗的行為研究時得到最佳對照結果，狼科學中心養育並維持幾打數量的狗，盡可能比照他們養育狼群的條件與環境。這代表小狗在生下後的第一週即被帶離母親身邊，由人類照顧者負責撫養。然後一旦牠們長大到可以自立時，牠們會被放入一個柵欄圈內，在那裡牠們主要與同樣物種的生物一起生活。因為是人類養育牠們，牠們開心地接受人類為牠們的社會伴侶，一如所有的寵物犬。每日狗與狼群都會見到人類並與之互動，但牠們仍然與自己的物種生活在一起。由於這些狗與狼群幾乎以一模一樣的方式被飼養，在他們所進行的心理學測試中，科學家們在這兩物種間觀察到的任何差異，自然是由養育方式以外的原因所引發。

在一個寒冷的二月天我前往參訪，佐菲亞、弗雷德里克與科特歡迎我，並帶我參觀整個中心。狼科學中心內的設備相當驚人，有多重柵欄圈用以安置狼群與狗，以及一棟看來簡直像森林裡的俱樂部小屋般可愛的研究大樓。

在我們的場地導覽中，我們先看狼群。牠們平靜地棲息在溫和的日光下，點綴其間是當週幾日前的一場暴風雪所留下的積雪。當狼群聽到我們接近，許多匹狼，但不是狼群全部，站起身來伸了伸懶腰，慢步地走向柵欄。在我們一行人中，與狼群們熟悉的人透過柵欄網撫拍牠們。大多數的狼顯得感興趣而且很喜歡被人撫拍，牠們的尾巴微微擺動，會向前推進以便被撫拍，但是牠們對於訪客的興趣一直保持在警戒狀態，有些狼完全忽略我們。然後我們再走回導覽路線，更往裡面去，那裡是狗居住的地方。即使在我們抵達牠們的柵欄圈前，狗狗們早已跑向我們，快樂地吠叫，狂吠一氣，興奮地搖著尾巴。第一隻發現我們的狗通知了其他留在後方的同伴，很快地，當我們愈來愈接近時，一群興奮得像發了瘋似的狗狗發出刺耳的噪音，沿著柵欄上下蹦跳。

這個時刻，我必須停下來，思考在我身邊這兩種非常相近的亞種動物，其間的差異竟然如此之大。每每走進狼公園時，很難不在你心底深處，對人身安全感到一絲焦慮，即使你很清楚，狼科學中心的所有狼群未曾傷害過任何人類。至於狗，在另一方面，我們不害怕我們的生命安全，我只擔心被積雪與泥巴弄髒，因為這些狗狗們充滿想跳到人類身上的熱情。

狼群對人類那淡泊的興趣以及狗狗們近乎發狂的迎接，其對比是如此說服力十足的示範，指出這兩種犬科動物對人類的依附程度並不相同。

我帶著關於這兩種犬科亞種竟能如此相異的鮮明印象回家。它為我與莫妮可及布莉姬的討論提供資訊，我們將對威廉斯氏症基因是導致這些動物出現如此截然不同行為的基礎一事之可能性，進行測試來加以證明。

顯然我們必須超越我在狼科學中心所得到，對於狗與狼對人類的熱情程度那不正式的印象。理想狀態下，我們將會採用簡單而快速的測試方法來量化狗與狼在跨物種的情感方面之能力，並能以科學對照來處理。這將讓我們得以辨識出在牠們對另一種物種的情感能力上，有多少比例是狗牠們自行獲得，又有多少比例是遺傳自牠們的祖先：狼。

眼前有許多潛在的測試可納入考慮，但我想到我們已經做過一個超棒的測試，精確地掌握了我們所需的事物。在本書第二章裡，我說過我們來自布宜諾艾利斯的朋友瑪麗安娜·班多塞拉（Mariana Bentosela），向莫妮可與我介紹了一個日後成為我最鍾愛的實驗。在一個開放場域內，她只讓一個人坐在一張椅子上，在這人周圍畫上一個一米（約三英尺）的圓圈，她將一隻狗帶進來停留兩分鐘，然後測量狗停留在圈內的時間。在狼公園時，我們得以在狼群身上重複過這個實驗。

瑪麗安娜在狼公園所測試的狼群，即使牠們絕大多數時候會遇見不熟悉的人類，對於與牠們不認識的人類互動，仍顯得興致缺缺，並且在兩分鐘的時間裡，只在那一米大的圓圈內與人類朋友待了約四分之一的時間。另一方面，狗狗與陌生人在圓圈內共處的時間，比狼群和牠們生下來就認識的人類在圓圈內的時間還要久。若某位受測的狗感到很熟悉的人坐在椅子上，牠在這兩分鐘的測試時間裡會一直與人類很接近，直到最後一秒鐘。

莫妮可與她的學生們也對狼公園的狼群及奧勒岡的狗狗們，進行了第二項非常簡單的測試。她給牠們一個簡單的塑膠食物容器，裡面裝一小塊熱狗。為了讓這測試是真的很簡單，她在容器蓋子上打洞，穿上一條厚實的繩子，這樣一來任何想開啟容器的野獸們都能真正打開它。狼群們通常會直接走上前去，迅速扯開蓋子，取用容器內的美味食物。但大多數的狗，若附近有人類在時，會寧可懇求地望向那人求取協助，而非自行打開容器。這望向附近人類的傾向也給予我們額外的機會，測試這動物的社會接觸性，這一次是以狗或狼有一個牠希望能解決的問題為情境。

在這之後，我們轉向新的遺傳學合作者尋求協助。莫妮可將這些經歷行為測試的狗與狼群的基因樣本（自牠們口中進行頰內擦拭）送交給布莉姬，於是布莉姬可從這些測試中的狼群與狗狗們之中，確認她先前所找到的威廉斯氏症基因是否來自於狗的近期演化。

雖然基因的處理程序是複雜的，但以概念上來說，我們的問題卻是簡單又深刻的。我們所研究的狼與狗在行為上不同；牠們在基因上也不盡相同。在我們兩個簡單的社交性測試中，其不同程度的行為參與，和我們所測試動物的基因之間是否存在著什麼樣的關係？

儘管我抱持著高度希望，但並不全然確定我們能找出簡單的行為模式，像是接近一個坐著的人類與望向人類以尋求幫忙，以及最基本的生物層面——基因密碼之間的直接連結。於是當布莉姬以電子郵件連絡我們，告知我們，狗狗們對人類那強烈到誇張的興趣，與導致人類的威廉斯氏症其相關基因，這兩者間有所關聯時，我興奮得就像好幾年前，當莫妮可與我發現狼群會遵循人類的示意手勢時那樣。我們做到了，我們找出狗在自然界中，其與眾不同之處——牠們成功與我們相處的祕密。

布莉姬得以指出其中一個基因（一點都不詩意的名字：WBSCR17）在狗的近期演化中被激化揀擇（intense selection），換句話說，它在馴化的過程中被改變了。這項分析指出這個基因與其他兩個分別稱為 GTF2I 與 GTF2IRD1 的基因，改變了基因形式，而那基因專責在狗與狼的身上所發現，其不同程度的社交性。

在這媲美頭條新聞的基因發現——狗的基因改變，導致牠們走上生命旅程：成為與狼完全不同的物種，這項研究還揭露了兩項更有趣的發現。其一是上述三種基因在不同品種的狗身上會有不同的組合方式，而這些基因組合方式與犬隻品種被描述為友善還是冷漠的特質是相符的。莫妮可與布莉姬現在正在進行一項樣本規模較大的研究，她們試圖從許多不同品種的狗身上，就基因變異如何形成狗狗社交性的多元型態，取得更為精準的認知。第二個驚人的發現在先前以老鼠進行的實驗裡，基因經由實驗被予以操縱，直接顯示出 GTF2I 與 GTF2IRD1 基因與社交性有關。另一個有趣的插曲是，有少數沒有表現出該症候群其典型誇張的社交特質的威廉斯氏症患者，他們的這兩個基因是正常的。

這些證據都說明了我們的狗與患有威廉斯氏症的人類是有某種親屬關係的。米亞・佩爾森與她的團隊在瑞典林雪平大學的新研究中指出其他的基因，它們的名字是更不浪漫的 BICF2G630798942 與 BICF2S23712114，也可能在狗對人類的興趣上產生作用。這些基因在人類身上則與自閉症有關。自閉症是一種因對社會接觸弱化——而非誇大與強化——

而形成的症候群，但這些基因變異可能會為狗帶來不同的，甚或相反效應。這為我們努力找出狗的基因與牠們那非凡的行為模式之間的連結，帶來了有用的知識。

在我因為能參與這樣振奮人心的科學突破，而感到雀躍不已時，我同時也擔憂威廉斯氏症孩童的父母會覺得惱怒，因為我們的研究發現他們的子女與狗有著基因上的相似性。我多慮了——這關聯對他們來說，在本質上完全說得過去。一名報導我們的研究結果的記者，採訪了美國威廉斯氏症協會（United States Williams Syndrome Association）的董事會成員，說到這些孩童時，她說：「如果他們有尾巴，他們會搖著它們的。」

在科學文獻裡，威廉斯氏症患者典型的行為模式被稱為「超社交」（hypersociability）或「非凡的交際能力」。這反應了我在自己的科學寫作裡所使用的謹慎描述語言，我通常會使用的字彙包括「聯繫」、「尋求接觸」或「社交性」等，來說明狗對人類的反應特徵。這些字彙標示了可以被客觀測量的特定行為。我可以觀察被留置獨處，沒有熟悉的照顧者在身邊時，一隻狗如何哭叫。我可以看出一隻狗如何將能量放在向一名熟知的人類打招呼：牠那壓低的身軀，還有牠如何跳起來試圖舔舐主人的嘴角。我可以測量一隻狗如何安慰看起來沮喪不安的人。

我珍惜科學術語的精準之美，但我也相信以那固執地刻意忽略廣泛模式的精神，科學術語也會有拙於標註或表達個別行為的時候。因為在狗與人類形成連結時，我所提到的那些行為、神經與荷爾蒙的回應模式，還有許多其他的因素，共同呈現更大的全景，而這全景值得比僅是「社交性」或「群居性」這樣的詞彙更好的說法。

狗不只有社交性；牠們展現真實的、真誠的「情感」，若我們在自己物種成員身上描繪這樣的表徵時，我們通常稱之為愛。關於狗與患有威廉斯氏症的人，其本質在於渴望形成親密的連結，擁有溫暖的人際關係——愛以及被愛。

在見證過患有威廉斯氏症的孩童們其行為，及參與過這項關於該症候群獨特的基因改變，與狗情感行為的關聯性其劃時代的實驗後，我已然不需要被說服。仔細思考這科學證據的範疇，還有見到狗與人類所共享的顯著基因標記，最後竟殊途同歸，我很有自信可以直言不諱。正是因為這漫長的科學旅程，還有過往我以懷疑論信念所做的一切，我得以宣告狗對人類的愛。我已經盡可能冷酷地審訊過這可能性：狗一方面有著非比尋常的智能，另一方面經歷與人類的情感連結。我對這兩者的可能性所提出的挑戰，讓許多愛狗人士感到震驚，充其量是不必要的，說難聽一點，這種想法根本是存心不良而刻薄。我會這麼說是因為人們完全不加掩飾地跟我說過這樣的話，從在長途旅程的飛機上素昧平生的陌生人，到許多我最好的朋友們。他們常告訴我停止憂慮，好好地愛我的狗，而就我與賽弗絲的日常生活而言，這正是我所做的。

然而系統性的探索會有好結果，將先入為主的想法置於一旁，以沒有偏見的態度收集證據，盡可能不畏艱難地努力。這美好的成果來自於取得結論的巨大喜悅，因為這結論建立在可以持續發展的穩固基礎上。有了關於威廉斯氏症基因以及米亞·佩爾森對自閉症基因的研究等結果，我們來到生命體組織最基本的層面，我們在檢視的是脫氧核醣核酸（DNA），這紀錄生命的書寫方式其密碼的載具。而我們可以看到狗狗們在基因物質裡，已然準備關懷我們、在乎我們，那確定無疑的徵兆。我們可以順著這信號回過頭去，透過荷爾蒙與大腦結構，通過找到人類與狗之間同步的心跳，注意到當狗與牠們在乎的人類一起時的快樂反應，及與他們分離時的沮喪不安；看到接近牠們的人類有時對狗來說，是比牠們所吃的食物更珍貴的獎勵；以及牠們如何在牠們的人類遇到危難時，試圖幫助他們，只要牠們能理解該採取的措施是什麼。在每個分析層面，從來自全球各地獨立研究團體的研究，我們看到同樣的訊息發射出來：狗的本質即是愛。

愛，反言之，愛令狗狗如此與眾不同，成為真正適合人類的獨特伴侶。擁有愛的能力，讓狗與這星球上其他的動物有所區別，包括牠們的犬科近親：狼。狗非常努力地嘗試與熟悉的人類接近，並且深情款款地與他們互動，但牠們對陌生人也感興趣。在這方面牠們全然不同於野生親戚。狼群在出生後盡可能第一時間自母親身邊被帶開，完全由人類照顧、飼養，也不會顯露這種程度的情感投入，即便是牠們的人類代理母親。狼群可以與人類產生友誼，但這關係從未包括像狗為人類所發展出來，那無所不包的愛。

今日，在取得這得來不易，關於「狗是有愛的生物」這種理解，我總覺得自己手上掌握著非常特別的東西。我現在知道讓狗在動物王國裡與眾不同的原因。我已經發現我專業上的——以及個人的——聖杯[13]。

但這認知只是讓我渴望知道得更多，特別是它指向好幾個重大的新問題，而我會在本書後面的幾個章節中找出答案：

首先，狗狗是怎麼變成現在的樣子？我們現在知道，牠們沒有與自己的狼祖先共享開放性的愛人能力，而這進一步開啟了另一個極大的神祕謎團。何時，以何種過程，狗狗取得這愛的力量？

再者，愛是如何在每隻個別狗的身上發展的？從我在全球各地對野狗的觀察中知道，不是所有狗都一視同仁地愛人類，即便牠們有能力這麼做。這愛是如何發展出來的，而我們又該如何滋養它？

最後，這也是最關鍵的問題，狗這關愛的天性對這些動物有什麼意義？那對於我們有牠們為伴的生命又產生什麼樣的意義？擁有「狗的本質即牠們有愛的能力」這洞見，又對我們與牠們之間的關係提出哪些暗示？在這些我捫心自問的問題中，這個問題可能是最重要、最急迫也最為深刻的一個。

1 譯註：也有歌詞或抒情之意，但感覺不像名字故選擇音譯。

2 或是亞種，大多數動物學家今日視狗為狼的亞種，而非自行演化的不同物種。

3 譯註：意指至高無上，幾乎難以達成的目標。

Chapter 5

源起
Origins

愛是所有狗狗與生俱來的權利。但牠們如何獲得這能力，又是從何時開始？

關於狗狗愛的行為其記述可追溯至書寫語言起始時。其中一筆無法符合其情感強度的紀錄寫於二千年前，在遠古希臘由一位名為「尼科米底亞（今土耳其城市伊茲密特）的阿里安」（Arrian of Nicomedia）所寫下。

阿里安是一名哲學家、歷史學家與軍人，他以記述亞歷山大大帝功績的編年史而名留青史。年輕時的阿里安與羅馬皇帝哈德良（Hadrian）很親近，哈德良自羅馬軍隊中拔擢他，讓他在帝國參議院中有一席之地。但當他晚年坐下來寫回憶錄時，阿里安的心不在哈德良或其他的人類朋友身上，阿里安想的都是他的狗。

阿里安（通常自稱「希臘人色諾芬」，以榮耀一位在更早年代即書寫狗狗的作家）寫了一本關於如何與獵犬一起狩獵的書。突然間，在列舉獵犬理想特質的內容裡，他筆鋒一轉開始撰文，讚美趴在腳邊休憩的狗狗荷米（Hormé）。阿里安描述他如何「飼養了一隻擁有極致灰眸的獵犬」，牠是：

最溫和也最喜愛人類，先前從未有任何其他的狗這麼渴望與我同在……像她這般期盼……她陪我去體操館，在我練習時坐在一旁等候，我回家時會走在我前面，經常性地來回走動好似要檢查我沒有半途離開這條路去到別處；當她看到我好端端在那裡時，她露出笑容，繼續走到我前面去……倘若她在一小段時間後再看見我們，她會輕盈地躍入空中，好似歡迎，然後她會吠叫一聲以示歡迎，展現她的情意……

因此我認為我應該毫不猶豫地寫下這隻狗的名字，讓她的芳名流芳千古，即希臘人色諾芬有一隻狗名叫荷米，快速敏捷，聰明伶俐，無比優秀。

這段阿里安寫給他心愛獵犬的動人頌詞，不但捕捉了人類自狗身上感到的那份深刻的愛；它更出色地敘述了狗如何對人類表達情意。這也清楚顯示狗對人類的愛並非現代時空下的情愛，我們與這偉大物種的關係由來已久，可追溯回二千年前的時光。

這情深意重的關係其根源還能再更往前，回溯超過這二千年前的例子。我能找到指出人類與狗之間的情感連結最古老的書寫紀錄，是距今超過四千年前的一處古埃及墓誌銘。僅僅六十八字，這簡短的紀錄雖然沒有說明狗對人類的行為方式，但這些字被篆刻在石頭上並保存千年的事實，卻讓我們對於這兩個物種間的古老情事能投以一瞥：

> 此狗為陛下守衛，名為阿布提育（Abuwtiyuw）。陛下下令厚葬牠，從國庫賜棺槨，及大量上等亞麻布、香料。賜香氛油膏，（下令）石匠團建造墓室，以期牠得榮耀。

亞麻布、香料、香膏、一個珍寶棺槨、一間特製墓室——若你讀著這篇墓銘誌，懷疑自己能否得到這狗風光入葬的一半，振作起來，你並不孤單。在千年歲月間，埃及統治者對於他狗狗的愛顯然讓無數讀到這墓誌銘的後人印象深刻，但話說回來，這就是重點。

古老文獻提供許多像這樣零碎的資料，以窺探人類與他們的狗之間強大的連結，但書寫紀錄只能帶我們回到這裡為止。書寫相當複雜的思緒表達，像這位身分不明的埃及管理者對阿布提育（給任何能清楚說出這名字的人額外的鼓勵！）的感受，在這些象形文字被刻在石頭上數世紀之前，大概還不存在。

幸運的是，我們還有許多這些書寫紀錄之前的考古證據。然而，這些證據可追溯到多久前，則是考古學家之間的激烈論戰。那是因為這些證據絕大多數由骨頭組成——其間的祕密難以破解。事實上，它是如此困難，導致許多科學界的圈內人士持續而激烈地爭辯這些骨頭到底是屬於狗，亦或不是。

辨別古老的狗骨與狼骨看來似乎很簡單，但實務上，考古標本實際上比你想的還難以辨識。這問題主要是遠古時期的狗與狼，在解剖結構上非常類似。儘管今日我們認為狼是體型大，令人望而生畏的動物，而狗則是相對小型的溫和生物，當第一隻狗在很久以前出現時，這些差異並沒有那麼明顯。

早期的狗可能非常像狼。我們可以很確定地這樣說，因為讓狗之所以成為今日的狗，其所需的基因變化不會突然間，像是下載套件後被植入；相反地，它會花好幾代的時間讓這兩種犬科動物變得全然不同。演化記錄中如此寬泛的灰色區域，讓我們無法精準地透過重建狗狗最早的歷史，來辨別古代狗骨與古代狼骨。

所有對此事感興趣的考古學家願意達成的共識是：最古老的犬隻，確定來自一隻一萬四千二百二十三年（加或減五十八年）前的七個月大的小狗狗。這些骨頭是一世紀前在德國波昂附近的採石場被發現的，並且被長久遺忘在一所博物館的抽屜內，一直到最近它們才被以最新的科技加以小心分析，現在它們提供了很令人著迷的線索，關於這些早期犬隻是否——

及如何——能與人類產生愛意的關係。

一項近日對波昂小狗的遺骸重新分析的結果，顯示出人類關心照顧這隻動物的可能性與跡象。由荷蘭萊頓大學（University of Leiden）的盧克・詹森斯（Luc Janssens）所帶領的研究團隊指出，這隻小狗患有犬瘟熱（canine distemper），能夠存活那麼久，必定得有人類得養育牠。這個結論頗有爭議性，因為這仰賴於解讀埋在地下超過一萬四千年的牙齒的琺瑯質上標記的能力。但如果這說法屬實，它將會為這隻久遠前即死去的小狗與牠的人類照顧者間的連結，提出最強而有力的證言。

姑且不論波昂的狗骨最後會如何，數千年間還是有許多的狗狗對人類情有獨鍾的證據，無論人們是否能回報這份愛。確實，基於古老希臘文字紀錄、遠古埃及墓誌銘，和許多他處的來源，我強烈懷疑在歷史的長河中即使那些總想避開狗的人們，也會體認到這些動物們深受他們吸引。當然，最早期的書寫記錄包含大量的證據，顯示許多人確實會回報狗狗的愛，非常非常地多。

這段漫長關係的歷史非常扣人心弦，而且儘管許多細節鮮為人知，它仍指出早在歷史文獻起源的曙光前，這跨越物種的愛戀關係之間難以置信的故事。我一旦得到狗狗有能力愛我們的結論後，這背景故事就浮現我腦海。到底這樣的能力從何而來？相對淡漠的狼群們，以牠們天生只有幾個親近關係的傾向，是如何變形成為落差極大，對跨越物種的情意抱持開放態度的狗？在哪裡，又如何使狗狗愛的能力開始滋長？

這由狼成狗的生命旅程在人類的注視下發生，但這些人心裡必定在想著其他事情，因為他們沒有對這過程如何發生與進行，留下任何蛛絲馬跡。更重要的是，留下來的殘渣帶來很大的臆測空間。很可能正因為狗的演化過程非常含糊，以至於對牠們那令人迷惑的起源感到興趣的考古學家與遺傳學家們，很容易就狗的演化方式及人類在此過程中扮演的角色，產生意見分歧。

值得慶幸的是，為了解愛的能力如何首先在狗身上產生，我們不需要執著於狗出現在生物史上其確切的時間點。至關重要的是狗演化的過程，及具有關愛的強大能力在牠們的演化歷史裡扮演了何種角色。

關於狗的起源其故事版本之一，或許也是今日最大量而經常重複的版本，是狗是我們的狩獵採集者祖先領養了最平易近人的幼狼，讓牠們協助狩獵。十八世紀自然學家喬治・居維葉（Georges Cuvier）可能是第一位提出這理論模型的人。他的理論是，經過數個世代後，選擇一窩幼崽裡最可愛的作為下一代的父母，進而逐漸創造出我們今天眾所皆知，被稱為狗的動物。這說法得到以下事實支持：時至今日，在許多狩獵活動中，狗是極有用的助手；此外，一些最早的狗形象顯示牠們正好填補了這一角色。

遠古時期，狗成為人類其狩獵伴侶的角色，或許在牠們的演化上也扮演了重要角色；更重要的是，一如我在本章稍後會解釋，我相信狗具有愛人類的能力，有很大的比例要歸功於我們與牠們歷經了狩獵合作的時間考驗。但一次我在以色列的經驗，讓我開始懷疑我們的獵人祖先是否真的可被讚揚創造了狗這種動物。

二〇一二年我的家庭收養了賽弗絲，同年我前往以色列朝聖。人們拜訪這塊聖地以親眼目睹其宗教的誕生地，我則為了不同的事物而來，但或許同樣有其根本性：狗的起源。

我旅行至以色列去看我相信在當時是已發現距今最古老的狗遺骸，那是些埋葬於約一萬二千年前的幼犬骨頭。牠與一名婦女同葬時，那婦女的手安放在狗的肚子上，這項考古的發現證實了狗的出現首見於中東地區的說法，很自然地，我要親眼目睹這些骨頭。

我也很渴望能看看把中東地區當成家的狼亞種：阿拉伯狼。我知道這種狼相較於我很熟悉的大型北美狼，體型比較小；牠比較近似大型拉布拉多犬的尺寸。我特別好奇的是，這種狼亞種是否比我已略知一二的大型灰狼更容易被馴服。若是如此，便可望為狗來自這個地區的可能性加了一點分數。

我在以色列停留的那週一直到最後一天，我才有機會近距離面對一些阿拉伯狼，這要感謝一名博物館接待人員提示我應該去參觀加利利海南邊二公里處的阿菲金屯墾區（Kibbutz Afikim）。這趟經歷從本質上改變了我對狗的起源的看法。

這處屯墾區是紀錄片製片人拍擋——優希・威斯勒（Yossi Weissler）與摩西・阿爾伯特（Moshe Alpert）的家。博物館的接待人員鼓勵我去拜訪他們，是因為他知道摩西曾經人工養育過阿拉伯幼狼，以便讓牠們在他與優希製作的紀錄片中演出。這主題是：數千年前，獵人們如何與被馴化的狼互動，讓牠們協助狩獵，並因此開始了最後創造出狗的進程。

遺憾的是在我拜訪當天，摩西極度忙碌，我幾乎沒有機會跟他說上幾句話。另一方面，優希則有大量的時間可以聊天，他很親切地播放了一支四分鐘長的短片給我看，這支短片的目的是為他們的紀錄片招募財務支援而製播。那是一部非常單純的影片，但它讓我很震驚。在電影中，一名男子穿著腰布，拿著弓箭，帶著兩隻幼狼一起去打獵。他瞥見一隻鹿，拿出箭來射牠。影片結束在獵人趕上前來，幼狼們守著垂死的鹿，獵人把獵物扛上肩膀後準備打道回家，小狼們盡職地跟在旁邊小跑步。

這聽來像是再簡單不過的一組鏡頭，但這片段讓我大感驚愕。一開始我以為我誤會了優希跟我說過的話。或許那些不是狼，而是狗（牠們看起來更像捷克狼犬）？不，這些真的是摩西人工飼養的阿拉伯狼。好吧，那麼飾演遠古獵人的男演員怎麼可能在狼群面前把鹿扛起來？我在狼公園裡所見到的狼，是絕對無法容忍有人從牠們的鼻子下直接把晚餐移開的。

有片刻時間，我以為我學到的事實是，阿拉伯狼是比我過去所熟悉的大灰狼更聽話的狼亞種。如果阿拉伯狼真的有那麼容易就可以與之相處，它有可能暗示對人類的情意，早已出現在後來發展出狗的特定狼亞種身上。

我的腦袋因為這支影片背後其影響深遠的含意而天旋地轉，但無論好壞，我的困惑很快就被解開了。優希向我解釋，這部電影的實際拍攝工作並不似最後成品所呈現的那般順利。

一方面，優希他本身就怕狼，身為導演，在宛如苦難般考驗的拍攝過程中他一直待在自己車上，從稍微打開的車窗向外喊叫指揮。

我應該說明在一九六〇年代以色列戰爭時期，優希已經是一名傘兵。我一直認為傘兵是所有士兵中最為勇氣過人的兵種，我覺得跳出飛行中的飛機本身就已經很恐怖了，而當我毫無保護地漂浮到地上時，地面上的人還朝我開槍更增加額外的刺激。所以優希是非常英勇的人，因而他對於狼群的恐懼不太可能完全是非理性的——他立刻就向我說明這一切。

優希告訴我，狼群確實在男演員第一次碰觸到那動物屍體時，便猛烈地攻擊他。拍攝必須中止以便讓男演員治療傷口。當他們重回片場繼續拍攝這幕時，當男演員把死鹿扛起，摩西奮力拉住了狼群。

狼群們拒絕與人類分享這齣狩獵戲碼的戰利品的事實，與我所預期的狼群行為是一致的。它也表示一部電影的拍攝，原本試圖展現狼群如何能在狩獵時幫助人類，事實上卻指出利用狼群來協助打獵只可能存在於虛構小說的世界裡。

還有一件懸而未決的事我想要釐清。優希說儘管他與屯墾區裡其他的人都怕極了狼，但在摩西和他家的孩子身邊，狼群們表現得毫無威脅，一點都不危險。有可能這些狼群能與某些人類形成連結，即便牠們兇猛地攻擊其他人類？

摩西忙著在截止時間前完成影片剪輯。他無暇與一名突然跑來他在屯墾區家園裡的陌生學者，陷入問答時間，但他很樂意見我，與我握手寒喧。他發紅的眼睛說明了他徹夜未眠地工作。他讓我問一個問題，就只能有一個：「你養大的狼群在你與你的家庭成員身邊，真的是完全安全的嗎？」

默默地，摩西捲起他右手的袖子。一條條布滿的疤痕組織為他與所飼養的狼群間的互動關係並非全然進展順利，帶來了沉默的證言。他完全不需要再告訴我任何我還想知道的事。與人工飼養的狼群一起打獵完全不實際而且充滿危險。狗狗的演化起源必然始於他處。

我不會說我非常驚訝於狼群無法成為理想的狩獵伴侶。已故的，偉大的瑞・科平格（Ray Coppinger）已經為我做好了萬全的心理準備，他是狗科學界中卓越不凡的傑出人物，並且教導我很多有關狗狗起源的知識。

瑞是窺探關於「狗源起於獵人幫手」這想法的第一人。他有點貶抑地稱這理論為「皮諾丘假設」（Pinocchio hypothesis），不是因為這木偶只要說謊就會變長的鼻子（雖然我很確定，瑞不會在意這樣的聯想），而是因木偶奇遇記這故事的前半段，當這可憐的木匠——傑佩托（Geppetto），創造了一個叫皮諾丘的木偶以減輕他的孤獨感。

瑞和他的太太洛娜・科平格（Lorna Coppinger）合寫了一本非常強大的著作《狗：犬類行為起源及演化的驚人新認識》（Dogs: A Startling New Understanding of Canine Origin Behavior & Evolution），本書中概述了人類不可能挑選出友善的狼以協助狩獵，而創造出狗的理由。科平格夫婦在書中列舉這論點不應被認真以對的原因，他們的觀點仍舊非常有價值，值得在此寫個簡要的概述。

首先，狼群沒有協助人類狩獵的驅策動機。如果你試圖和你的寵物狼一起去打獵，幾乎在你鬆開拴繩的那一刻，你的狼夥伴就已身在千里外了，當你在森林中漫步，迷路且飢腸轆轆時，牠正開心地填餵肚皮。數小時後，你那心滿意足的狼有可能回到你身邊，但你絕對不會好受到哪裡去，這隻狼既不會為你帶回任何食物，也不會引導你去找到獵物。

其次，狼群太過危險，特別是在孩童身邊，這讓我們的祖先對他們的容忍程度超過他們必須的底限。不可否認地，我有許多與人工飼養的狼群很友善而滿足的互動經驗，這些經驗安全到使我沒有留下任何傷疤可以展示曾與狼相處。而我所遇見的這些狼群是在有可能被灌輸溫和、友善特質的科學認知下被養大的（我將於下個章節討論這主題）。即使到那時，並非所有以這種方式飼養的動物都能介紹給陌生人並與之互動，牠們被關在十二英尺高的柵欄後面是有充分理由的。

再其次，為了挑選育種用的友善狼隻，早期人類需要更多遠見，且對遺傳學的了解遠超過我們所能給予他們其肯定的程度。一萬千四年前（或者更為久遠），還沒有其他的馴化動物。人類不可能有方法知道他們周遭這巨大而可怕的食肉動物，有一天會成為友善又有助益的伴侶，只單靠試著養育揀擇牠們數世紀。

瑞與洛娜．科平格認為最早的狗的不具有成為人類狩獵伴侶的利基特質。相反地，狗演化成為擔任某些平淡無奇，甚至可憐的角色可能性更大：像是早期人類聚居處四周的清道夫。科平格夫婦指出，當人類開始定居後，他們也開始產生成堆的垃圾。這些垃圾可能招來（而且儘管盡了最大努力，仍會繼續吸引）不同物種的動物。他們的理論是某些狼群可能也在這些垃圾掏客之列。

狗可能起源於我們祖先發現了極為豐富的狩獵及採集資源之地，並因此定居了好些年，甚至幾代人。定居一地的人類不可避免地產生了我們物種的獨特標誌：垃圾堆，此舉創造了新的機會。垃圾被我們人類視作毫無價值，但對其他物種可能很重要。一如亞里斯多德說過，「自然厭惡真空（Nature abhors a vacuum）」，人類剝去肉的骨頭仍含有其他物種可以利用的營養。

時至今日在世界上許多地方，各種各樣的物種聚集在垃圾場。在印度加爾各答，牛隻漫遊於都市的垃圾場；在阿拉斯加，人們必須嚴加防範北極熊翻掏他們的垃圾堆。數千年前，狼群必然採用了這同樣的覓食策略，在我們祖先的營地附近嗅出可吃的殘渣。

拾荒是世界上某些地方的狼群仍保有的習性，我有幸在同一趟至以色列的旅行中親眼目睹。在我那趟旅程的頭幾天，我前往這個國家南方的內蓋夫沙漠，去瞧瞧在野外的阿拉伯狼。國家公園的護林員熱情地帶我四處尋找這些動物，迅速朝林立於沙漠周圍城鎮的垃圾掩埋場直奔而去。護林員解釋說這些垃圾場是最容易吸引活動於沙漠裡的狼群們聚集的地方，因為那片沙漠環境幾乎沒有可食用物質的積集處，而且不會有其他像垃圾場一樣大的地方。

來自世界各地豐富的證據證明了狼群受到人類垃圾堆所吸引。這在狗身上亦同理可證，甚至還可能更為顯著。若非第一世界的政府花錢以柵欄與捕犬器，將這些動物拒之於城鎮的垃圾掩埋場外，犬隻清道夫將是一個更加熟悉的景象。而且，無論國家如何進步，今天你無需旅行到遠離這些繁華泡泡以外的地方，就能在垃圾堆上找到狗的蹤跡。我在許多不一樣的地方都見過牠們：從西西里島、巴哈馬，到莫斯科。儘管這些地點都不符合第三世界國家的條件，但這些地方都成為許多狗狗的東道主，牠們盡量依靠沒有柵欄及守衛的垃圾謀生。

對於任何種類的動物，無論是犬科動物或其他動物，從人類創造的垃圾中獲利的關鍵是忍受人類，進而被人類忍受。雖然狼群與狗在許多其他的方面很相似，但在這方面卻截然不同。遺憾的是，目前尚未有任何針對這些城市垃圾掩埋場，包括我走訪的以色列，或其他有狗與狼群一起討生活的垃圾掩埋場所進行的研究發表。然而研究人員分別對瑞典拾荒的狼群及衣索比亞掏垃圾的狗進行檢視，瑞典狼群在察覺人類走近約六百五十英尺以內的距離時會逃跑，衣索比亞的狗則可以讓不熟悉的人走到十六英尺內才會走開。

上述所測出的距離，生物學家稱之為「安全距離」（flight distance），讓這兩種犬科動物的近親在人類垃圾掩埋場內，其獲取食物的數量產生極大的差異。因為更能容忍人類，也更為人類所容忍，狗狗比狼群能自人類的垃圾場中得到更多食物。因此，這種容忍人類的能力是狗狗主要的適應優勢——至少在垃圾清道夫的情境下是如此。

我意識到，「狗狗成為在垃圾場維生的清道夫」這想法，遠不如獵人挑選狼崽來幫助他們追捕獵物的故事來得吸引人。記者馬克・德爾（Mark Derr）在他關於狗起源的論述《狗之所以成為狗》（How the Dog Became the Dog），對於我們親愛的犬科夥伴可能源於垃圾掏客的想法感到非常厭惡。他以對這想法的反感寫著「這狼（可能會）自願地成為一隻啜泣的垃圾堆行家，一隻脾氣暴躁、鬼祟走動的村莊雜碎食者，一隻『尿布清理者』。」但真相是，我們喜歡想像我們的祖先是騎在馬背上的貴族與貴婦，但絕大多數的人必須面對一個事實，我們其實是依靠回收殘餘物質維生的農民與低下階層綿延的後代。而對我們來說真實無誤的真相，對我們最佳的犬友來說，也可能同樣是事實。

即便我們非常想這麼做，但我們無法選擇過去。我們和我們的犬科朋友在某種程度上來說都是清道夫。或許有些共有的操作方式與這段人犬共同的歷史相契合。它可以是解釋牠們對我們的情意原因？或者狗狗們的愛源自於他處？

以現有科學證據來看，我們無從得知是否最早期的「狼犬」[1]以今日我們的狗狗愛我們的方式愛著人類。但我的最佳猜測是牠們不會這麼做。

我懷疑在犬隻演化最早的階段，當狗狗基本上還是狼時（儘管是很大程度上放棄獵捕大型獵物，並發展對人類更大的容忍度以便在我們的垃圾堆上吃大餐），這些動物仍舊具備大部分狼的特質。牠們可能傾向與小部分成員有強烈連結，而且總是以牠們自己物種的成員為主；換句話說，這些原型犬極可能不是像今日所見，我們的最佳犬友，這般近乎開放隨便的社會性生物。但這不表示我們的祖先沒有注意到這些動物與狼群不同。這些原型犬可能對牠們的人類鄰居來說，所引發的恐懼程度相較「真正的」狼群來得輕微。既然牠們對獵捕活生生的獵物不再那麼敏銳，第一隻狗可能不是那麼猛烈而強大。牠們可能發展出較小型而且不是那麼有力的顎部與牙齒，而牠們的行為發展可能開始慢下來，於是即便進入成犬，他們依舊保有不成熟的行為諸如玩耍與形成友誼。當牠們害怕的動物（例如熊與「真正的」狼群）接近營區時，牠們可能會發出怒吼與粗啞聲——吠叫的前導聲音，這對狼來說很少見。這些警示性的發聲行為可能有利於牠們的人類宿主。

但撇開這些差異不談，我並不傾向將這些動物當成是今日我們在家中享受牠陪伴的那些愛的發電機。至少我會努力抗拒這結論，直到科學能向我提出這確實發生在不那麼遙遠的未來的反證。

為了找出狗狗是在何時變得如此超社交，充滿強烈愛意的生物，一如牠們今日的模樣，科學家必須先確認在牠們演化歷史的某個時間點上，狗的基因產生突變而納入威廉斯氏症（請參見第四章內文敍述）基因組。現在，我在牛津大學的朋友暨合作者，動物考古學家暨遺傳學家——格雷格・拉爾森（Greger Larson）正以早期狗的考古遺骸進行這些基因標誌的研究。他在未來任何時間點上都可能為我們帶來答案。如果他成功了，在他取得結果時，他將會為我們兩個物種所交織的歷史帶來一絲曙光，照亮人類與狗墮入愛河那寶貴的時刻，或者至少指出何時狗對人類的愛開始引發我們對牠們也有相似的感覺。與此同時，我們必須滿足於知情但無法驗證的推測。

我個人相信狗獲得愛的能力並不是發生在演化最早期，牠們的物種還擔任清道夫時；而是在其演化旅程相對後期時。這關鍵的轉換，我猜想可能源起於當牠們的祖先與我們的祖先自紮營屯墾安頓下來，這些動物在垃圾堆中拾荒已久，後來又一同狩獵。

如同我所解釋過的，狼群絕非人類可靠的狩獵伴侶，但這些新產生為人類所容忍的犬科動物不是狼。牠們可能不具備與狼同樣極富攻擊性的傾向，大概也不是能獨自狩獵的好手（這就是狼無法成為人類狩獵夥伴的特質之一）。更重要的是，牠們或許是在我們自己的物種其歷史上的關鍵時刻，演化得更能容忍人類：在我們特別需要狗協助的時候。

由於科學家們現在知道狗約在一萬四千年前出現（有些考古學家認為牠出現的時間點更早），我們也相當確定狗狗在最後一次冰河時期時出現。在覆蓋地球幾萬年後，冰河大約在一萬二千年前開始消失。很明顯地，狗狗起源於這凍結的時間範圍內。

你可以想像，這長達數千年的寒冷給生活在當時的人類帶來獨特的壓力與挑戰，但他們在這星球開始重新變得溫暖時，已經適應這樣的天候。雖然我不喜歡生活在冰原紀這個點子，我們的祖先可是有非常多的時間來習慣這寒冰時代，而且他們深知如何存活。在這時間點上，現代人類已經存在了數十萬年，儘管他們所習慣的世界比我們所知道的要冷得多，但它也是許多大型動物的家園，那些大型動物的數量比我們今日所見還要多更多。巨型動物如長毛象與大地懶漫步苔原上，給予我們祖先超棒的狩獵良機。

在人類適應這冰原環境後，暖化中的星球應該帶給他們不少頭痛的問題。溫度改變創造了找尋食物的新契機，以及新挑戰。幸運的是對我們這兩個物種來說，為了協助人類解決這些新問題，狗狗提供了具備解決問題的能力與特質。

人類出色的視力使我們嬌小的祖先，躋身於草原與開闊松樹林的冰河時代中最成功獵人之列。我們發展出可有效遠端操作的武器：長矛、梭標投射器以及弓箭，這些都能擴展我們取得獵物的範圍，使我們成為強大的掠食者。然而，在冰河時代的末期，曾經稀疏點綴著樹木的森林成為濃密樹林（想想斯堪地那納亞半島與北美洲大陸北方），這使人類難以駕馭，而當樹叢深處填滿了茂密的灌木叢時，我們強大的視覺能力就變得毫無用武之地。

如果要在這陌生的新世界中狩獵成功，我們的祖先在過渡環境中需要一項新技術。這項技術必須包括在密集森林下層的茂密灌木叢中察覺獵物的能力，以及快速移動的能力。這項技術還需要動力及速度來追趕與圍捕獵物，還能夠，或至少願意放棄自行完成殺戮。在找到並困住被鎖定的動物後，牠必須出聲通知，好讓人類循聲而至，然後在那兒等著他們趕來並殺死獵物。還有一個條件：這項技術不能有傷害人類的任何風險。

狼群不具備上述特質，但這些技能都在狗狗的能力清單上。狗狗自牠們的狼祖先那裡遺傳了高度敏銳的鼻子，讓牠們在視力派不上用場時可以找到獵物。狗狗也自牠們的前輩那裡傳承了狩獵的動力，此外牠們通常體型夠小，穿越濃密森林對多數狗狗不是太大的挑戰。然而牠們完成殺戮的能力有相當程度的消退，導致牠們願意在狩獵的最後階段出聲求助。狗狗對這全系列任務勝任的程度是我們飢餓的祖先最基本的應援。當人類努力適應令人不適的溫暖環境時，狗狗在他們眼中一定看起來非常神奇。

我懷疑獵人和狗的夥伴關係始於偶然：在早期，某些狗把村莊裡的垃圾堆當零食吃，牠們決定跟著人類去打獵。但我確信這立刻變成非常強大的合作關係，雙方都有強烈的感情。我認為這正是人類與狗狗產生今日我們常見，強烈的人犬情感連結真正的起始點。拾荒為犬科動物創造了一個可以忍受人類的進化利基點；狩獵給予這些原型犬一個向人類證明其價值的機會。一如我將會解釋的，與人類一同狩獵也有助於讓狗狗們成為今日充滿深情樣態的基因產生突變。

要真正了解狗如何協助我們的祖先狩獵，及一般性情感，特別是「愛」，如何在這種連結形成的意願上發揮作用，我必須親自感受帶狗去狩獵的感覺。

我開始閱讀人類學家所發現於全球各地仍然像我們的祖先一樣，以古法與狗狗們一起狩獵的不同民族。在過程中我讀到一位辛辛那提大學研究者的論述，杰諾米·寇斯特（Jeremy Koster）針對瑪揚那族（Mayangna）的狩獵習慣進行了鉅細靡遺的分析。瑪揚那族是居住於博薩瓦生物圈保留區（Bosawas Biosphere Reserve）內的原住民，位於尼加拉瓜與宏都拉斯邊界的偏遠地區。他們施行農業，種植豆類、大蕉與稻米，此外，一如寇斯特的研究指出，與狗狗們一起狩獵為這些原住民帶來真正的好處，狩獵獲得的肉類是他們的飲食中，少數高品質蛋白質的來源。

幸運的是，在發現他的學術論文後不久，我在辛辛那提的一次研討會上連絡到寇斯特，我建議一起去喝啤酒聊聊。或許我們聊得太開懷，喝了太多啤酒，因為第二天我發現我居然同意寇斯特在他下次拜訪瑪揚那族時，和他一起去尼加拉瓜。

寇斯特向我保證前往瑪揚那族人位於阿朗杜克（Aran Dok）的集居地真的很容易，他在那裡展開研究。自尼加拉瓜的首都馬納瓜（Managua）出發的旅程只要三天時間，交通工具包括陸路與船，從邁阿密搭飛機只要兩個半小時的航程。但他沒有提到陸路交通的那一天，要和另外兩名乘客擠在一輛豐田四輪傳動車前排座位上，途中道路會變得愈來愈坑坑窪窪，崎嶇不平。至於需要兩天時間，水路交通的「船」，竟然是獨木舟。那是有馬達的大型獨木舟，但它還是一艘獨木舟。這是我所經歷過最不舒服的旅程。

然而一旦我們穿越岩石和激流進入瑪揚那族人的版圖，那經歷真是令人嘆為觀止。就像踏入侏羅紀公園那樣的異時空世界一樣，唯一缺少的只有恐龍而已。但我們的發現非常驚人：與人類生活在一起的狗，牠們與人類的關係就像數千年前牠們的祖先與我們的祖先間的關係一樣。

瑪揚那族人居住在沿河岸搭建的堅固高蹺木屋。當我們進入當地人的視線範圍時，他們衝到岸邊，有些不安地盯著我們這些陌生人看。然而當我向他們用力揮手，面露微笑時，他們也熱情地對我揮手，咧嘴大笑。認識寇斯特的人以極度溫暖的方式與他打招呼。當我們與一艘較小的獨木舟相遇時，在某一刻我們的獨木舟幾乎傾覆，那小型獨木舟上有四個人，每個人都想給寇斯特一個大大的擁抱。

在我們把吊床掛在客房裡，享用一碗米飯和幾小塊的肉作為晚餐，再享用一碗米飯但沒有任何肉作為早餐後，我與一些瑪揚那族的男人一起出發去狩獵（只有男人去狩獵）。男人們穿上雨鞋，拿出大砍刀，對著狗大喊，然後就出發了！

起初我被瑪揚那族人的狩獵探險與我童年時的狗班吉（Benji）在林中散步時的相似之處所震驚。第一條法則：拴好你的狗。瑪揚那族人沒有項圈與遛狗繩，但他們有繩索，並將這繩索隨意地套在狗的脖子上。繩索只有在穿過村莊時才會套上，一旦進入森林後，你就可以拿掉繩索讓你的狗自由地奔跑。

在這一點上，班吉和瑪揚那族狗狗的行為似乎是一模一樣，但人類的行為卻大不相同。小時候當我帶班吉去散步時，最重要的是不讓牠走得距離我太遠。如果我不能把牠帶回家，我的麻煩就大了。牠會因為在我們家附近的樹林中所察覺到的氣味和聲音而興奮不已，因此我不得不一直叫喊牠以確保牠在我視線範圍內。相反地，對於瑪揚那族人來說，他們帶狗出去的重點是讓狗奔跑，去追逐牠在茂密的雨林中所發現的一切。如果他們的狗太靠近他們，那人便會生氣，並告誡狗狗去做該做的事。他們會時不時短暫地停駐在山頂上，留心傾聽那隻狗，有時候會喊出「蘇魯」（Sulu）——在他們的語言中指的就是「狗」，而母音u的尾音拉得很長（索洛Soooo-loooo）。他們希望聽到激動的叫聲或吠聲，這表示那隻狗有所發現。如果發生這種情況，瑪揚那族人會盡快衝上前去與狗會合。

當他們衝上前去與狗會合時，瑪揚那族人能以大砍刀在熱帶雨林中大刀闊斧，以比我所能追趕的還要更快的速度穿越，我只能沿著他們砍出的路徑前進。或許是有個動作緩慢的外國佬同行，所以我們在幾次狩獵中皆無所獲，但我對這過程有很大的體會。我看得出來這不是什麼困難的科學，這隻狗無需任何特別的訓練，其運作方式取決於狗內在的傾向與能力：偵測並追逐獵物，加上無法自行完成殺戮的能力。在發現並圍住動物後，狗會出聲呼喚人類，儘管我無法確知這隻狗是出於挫折而吠叫，或者牠知道人類會趕上來完成殺戮。無論哪種原因，其效益都一樣：人類會跑過來並完成狩獵的最後任務。

與瑪揚那族人一起打獵讓我更清楚地了解到，獵人的狗不自行殺死獵物，而大聲喊叫，將人類帶至獵物前面有多麼重要。如果狗像狼群那樣行事，只是自行殺死並吃掉自己的發現，牠們一點都幫不上人類的忙，這突顯了我們的祖先不可能與狼狩獵的事實。反之，他們必須等到狗的出現才能讓這極有助益的伴侶參與狩獵行動。

這驗證了人犬連結的力量和持久，時至今日這些毛茸茸的狩獵小夥伴仍然發揮同樣的效益。據寇斯特的數據顯示，瑪揚那族人的狗通常約二十磅重，而每隻狗平均每個月帶回家的肉超過十磅。這對人們對蛋白質的需求是重大貢獻。因為這樣成功的結果，導致大量的情感湧現，並且由人類和他們的狗共享這份情感。這種積極的經驗無疑地強化了人們與其犬友間的連結。

在瑪揚那人族的主要莊村——阿朗杜克，只有兩名男人擁有步槍。寇斯特發現那些骨瘦如柴的狗在帶回獵物的表現上，不下於槍枝。

看著瑪揚那族人與他們的狗一起狩獵，我驚訝於他們之間緊密的連結。我看得出來，對狗來說，幫助人類打獵所需的技能遠超過拾荒。在垃圾堆裡撿拾食物是一種相當個體性的追求；忙碌於在城鎮的垃圾掩埋場中挖掘食物的狗對於伴侶不感興趣，不論是人類或犬類。另一方面，當我和瑪揚那族男性一起在雨林中旅行時，對於這項活動需要狗與人類間的協調及相互理解，我留下了強烈的印象。這行為的成功取決於準確的溝通，這些人會讓狗狗們知道何時該找尋獵物，狗應該去偵測並追趕獵物；對狗而言，一旦找到獵物，牠們就必須與人類溝通這訊息，讓他們知道牠們在濃密森林中的所在位置。獵人甚至還聲稱，他們能從狗的吠叫聲中知道牠們捕獲的是何種獵物，但由於我們在兩次的狩獵行動中皆毫無所獲，我本人無法證實這一點是否屬實。

自尼加拉瓜回來後，我變得有些沉迷在這一個問題——狩獵如何能解釋「為什麼狗發展出愛人類的能力之關鍵」。但身為瑞．科平格的追隨者，我一直很不願意去承認狩獵在狗的起源及牠們發展跨物種關係的能力方面發生重要的作用。瑞不僅戳破人類「創造」狗並讓牠們成為狩獵伴侶這想法的破綻；他還質疑人類在很久以前就發現與狗一起打獵中有很大利益的可能性。他覺得訓練一隻狗花費太多力氣與時間。他認為整個狩獵活動不過是一種男性藉此讓女性們留下深刻印象的「雄風展現」，而非具實質經濟利益的慣常行為。

但現在我必須重新考慮自己的定位。即便它沒有讓狗走上最終將牠們與狼群區分的演化路途，我也想知道狩獵是否確實幫助犬類們走得更遠。

我推測，具突變基因的狗更傾向與人類建立強烈的情感連結，這讓牠們較那些與人類保持距離，反應冷漠的同類更具有生存優勢。這些友善的狗更可能跟隨人類參與狩獵行為，並出聲呼叫人類以協助完成殺戮，因此牠們有更大的機會分享狩獵的收益。這帶來更好的生存機率與更多的幼犬，意味著這些友善的狗的基因最終將在部落中遍及各處。

我想知道我的考古學家朋友們是否能向我指出證據，以證明在冰河時代即將結束之際我們的祖先需要狩獵幫手時，人類與狗之間形成緊密、強大關係的可能性。安琪拉·佩里（Angela Perri）是英國杜倫大學（Durham University）的一位動物考古學家，她對於狗對我們祖先的重要性特別感興趣，很樂意幫我這個忙。她向我表示確實有證據表明，在與獵犬一起狩獵開始流行的那段時期，我們的祖先留下了他們非常關懷狗的跡象，這是狗與人類間形成強烈的情感關係，和他們迅速發展的掠奪性夥伴間關係的相關證據。雖然相關性無法證明因果關係，但安琪拉的研究還是指出這兩個里程碑間的強大關聯：人類和狗一起狩獵，以及我們兩個物種間形成了強烈的情感連結。

在她的博士研究裡，佩里不是聚焦於與人類同葬的狗，而是專注於被精心且單獨埋葬的狗。她之所以強調這一點，是因為有很多原因讓人與動物一同埋葬，其中大多數都無需告訴我們關於死去的人獸間其可能存在的關係。在耶路撒冷的以色列博物館展示間內，收藏了一萬二千年前一名女性與一隻小狗同葬所遺留下的骨骸其樹脂複製品，展間內還有陳列櫃，裡面收藏了人類與鹿角、玳瑁殼、狐狸牙齒以及其他各種動物的身體部位與同葬的藏品。前述所有藏品皆不應被認為暗示那時代的人類與鹿、烏龜、狐狸或其他動物形成情感關係。當時埋葬這名婦女的人類必定有早已不可考究的儀式性理由，將一些動物與逝去的親戚一同放進墳墓中。

當你深入思考將一隻狗與一名死去的人同葬這件事後，你不禁會懷疑這隻狗是如何有這結局的。牠是偶然間在同一時間死去，或者被刻意殺死以便裝飾墳墓或陪伴死者進入來世旅途？有鑑於寵物在主人或女主人死亡同時也自然死亡不會發生得如此頻繁（雖然查爾斯．達爾文的最後一隻狗波莉，在主人嚥下最後一口氣後三天也過世了），大多數與人同葬的狗必然存在著有意圖性的殺害。當然，我們無法知道幾千年前的人們在想什麼。或許他們與狗之間存在著關愛的關係並非全然不可能，但這無法排除殺掉一隻狗，將牠與一個牠顯然很愛的人同葬的可能性。

正如佩里所指出的，人犬同葬的情感含義充其量是模稜兩可的。但從人們謹慎而尊重地將狗單獨埋葬的案例中，便能得到更清晰的推論。

當墳墓中沒有人類存在時，這隻狗對於埋葬牠的人類具有明確的意義。如果像我們在某些時期的祖先那樣，精心地將一隻狗與當時任何人類的葬禮一樣地埋葬在有華美裝飾的墳墓中，那麼我們就可以清楚地看出這些人關心這隻狗的程度。

佩里分析了世界上三個地方古代對於「狗葬」的證據：日本東部、北歐（包括斯堪的那維亞半島），以及美國東部地區包括肯塔基州、田納西州、阿拉巴馬州部分地區與其他州部分地區。她檢視了數百份來自全球這三個不同地區古代對於狗葬的報告。她思考這些狗是在何時被埋葬的，又是如何被埋葬的。牠們與華美豐富的墓葬品和其他象徵關懷和尊重的跡象同葬，還是隨便而看似為陪葬的埋葬方式？換言之，是否有相互關愛與情意的表達跡象，還是人們只是將發臭的狗屍處理掉？

這研究的有趣之處在於，佩里所關注的這些地區分布得既廣泛又分散，而人類歷史上共同的發展關鍵，在這三個研究地區內又分別發生在全然不同的時間點上：上一個冰河時代結束、我們的祖先在愈來愈茂密的森林中狩獵時所遇到的困難、接納狗成為獵人的助手，以及最終農業發展減輕人們對狩獵的依賴，分別於數千年間在這三個地區各自發生。

佩里有了一個驚人的發現。她為每個地區繪製一張圖表，記錄各個時期中謹慎而有意圖性的狗葬數量，從冰河時期直到相對較近的時代（「較近」在考古學家的定義意味著幾千年前）。在每個她發現的案例中，圖表都呈現同樣的一般形式：簡單的倒U形。如果在每個地區都回溯足夠久遠的時間，人類完全不以任何特殊的盡責性（conscientiousness）來精心埋葬他們的狗，這是圖表上的最低點。若隨時間推移而前進，圖表亦跌至低點——那時的人們也沒那麼在意。但在每個地區的圖表上都有一個中央「駝峰」，在這段漫長的時間裡，這三個地區的人們皆付出極大的關懷與努力來埋葬他們的犬科伴侶。

這時期的確切日期在每個地區不盡相同，然而人類歷史上發生這一點的時間卻總是相同的。在上一個冰河時代結束後的那段時期，當地球變暖之際，當狩獵變得愈來愈困難，人們在埋葬他們的狗時付出了最多的關懷。在人類歷史的那段時期內，以及歷經過數百萬年獨自地狩獵成功後，我們的祖先發現自己為樹林所困，無法看透或穿越其間。正是在那段時期裡，人類總是小心翼翼地埋葬狗。而這些人類是分散在全球三個被區隔開的地理位置。在此期間，自三千至九千年前之間的任何時間點，在不同地區（在北歐較近期，在北美則較早些），這些人類可能對彼此之間的存在一無所知，所以他們必然是各自獨立地決定要以這種充滿關懷的新方式對待狗，這些做法隨著農業出現而逐漸消失。

在某些案例中，佩里所分析的「狗葬」是如此豐厚，以至於最初發現的考古學家們不敢相信這些遺骸真的只是狗。一位考古學家提出這些狗是以「衣冠塚」的概念入葬——即以被埋葬的動物屍體替代找不到屍體的人類戰士。我認為佩里提出了很好的反駁。這些古代的人類清楚知道這些狗是狗，它們不是重要人類的替身，而以奢華的墓葬品埋葬牠們，是因為這些動物們藉由在狩獵這樣重要活動中幫上忙而證明牠們的價值。我們的祖先很可能以極高榮譽埋葬這些狗，因為牠們對其身邊的人類表達了濃厚的感情，使得人們不得不予以回報。

綜上所述，考古學證據明確指出，儘管幫助人類獵人可能不是狗被創造的主要原因，但成為捕獲蛋白質時不可或缺的工具確實激發了人類與狗之間深厚的感情連結。考古記錄沒有告訴我們的——至少目前尚未——在於是否讓狗狗回報人類的愛之基因突變，也正是在這段時期發生。

我們的古遺傳學家朋友們尚未完成對於古代的狗骨其基因分析，但願這些遺骸將會告訴我們何時超社交性基因——狗擁有愛的能力的遺傳基礎——首次出現在犬類身上。在無法採訪七千、八千或九千年前人類祖先的情況下，這基因分析將是我們渴望得到的，關於久遠以前的狗如何與人類互動的下一份最佳報告。

儘管我期待著將遺傳證據掌握在手裡，但仍然無法不為我們將永遠不能一五一十地得知狗是如何、在何時與何地變成今日牠們充滿愛意的模樣，而感到悲傷遺憾。當然，在狗其歷史的關鍵時期時在場的人類皆早已作古，所以我也永無機會親自去採訪他們。我已盡力讓自己對手頭上的研究感到滿意，值得欣慰的是，它們甚至超越了我到目前為止所討論範例的發現結果。

今日我們已經有了科學證據，證明在相對短暫的時間內，狗是如何自野生祖先的基因譜系中出現。但這證據不是來自狼群，而是出自另一個犬科近親：狐狸。它並非源於冰河時代於歐洲的寒冷地區，而是來自蘇聯時代的西伯利亞。自一九五九年起，有史以來規模最大與演化有關的實驗之一便在此進行——這是一項關於演化能否創造愛的能力的直接實驗測試。

🐾🐾🐾🐾

蘇聯時期的西伯利亞對於探究狗狗愛的能力其發展史來說，似乎是個不可能的試驗場。早期蘇聯開創了遺傳學，然而史達林並不贊成這種資產階級的科學，到一九三〇年代，遺傳學家紛紛被送往古拉格勞改營，甚至被謀殺。

而隨著一九五三年史達林去世，蘇聯的基因研究重新興起。德米特里·別利亞耶夫（Dmitri Belyaev）是新一代遺傳科學家的領導者之一。他的哥哥尼古拉（Nikolai）也是遺傳學家，但因為他的科學信念而於一九三七年被處決。德米特里·別利亞耶夫想證明被謀殺的哥哥是無辜的，他進行一項實驗來證明演化並非不可避免地會導致有關自然界的顯著結論——那就是「染血的爪牙」是大自然其常見的現象。反之，它可以形成通往感情的途徑，甚至至關愛。別利亞耶夫希望證明這份對人類的友善是可被遺傳的，這在當時是一個相當激進的概念。雖然人們早已知道身體形態是可遺傳的，但還不清楚行為的複雜模式是否會演變。

為了調查這些問題，別利亞耶夫選擇狐狸為研究對象。狐狸皮毛在寒冷氣候的蘇聯非常重要，而且狐狸還是調查狗那極富感情的天性根源的明智選擇。像狗和狼一樣，狐狸也是犬科成員，但與狗和狼不同的是，牠們不在犬屬範圍內。這很重要，這意味著狐狸與狼和狗有非常密切的關係，可以狐狸進行實驗來研究狗的起源。但是狐狸又與狼和狗有不同處，這足以讓我們確信狐狸從未與牠們中的任何一種雜交繁殖。這表示別利亞耶夫在實驗中的任何發現都不可能為狐狸與狗或狼的雜交所污染。

每年春天，別利亞耶夫選擇那些最不懼怕人類，最友善的狐狸作為下一代的父母。在他研究的第三年時，已有一些狐狸自願被留置，而沒有那些被關在籠子中的野生狐狸所表現的敵意特質。煤塊（Ember）還只是實驗的第四代成員，是有史以來第一隻因為看到人類接近而興奮地搖尾巴的狐狸。在一九八五年別利亞耶夫逝世時，他的實驗已得到全然的成功。

當我第一次聽說蘇聯的科學家們於一九五〇年代，在西伯利亞試圖進行關於愛的演化實驗時，它看來如此瘋狂，我簡直不敢置信。如今我親自參觀了（前）蘇聯細胞學與遺傳學學院（Soviet Academy of Cytology and Genetics）的狐狸農場，並盡可能詳細地閱讀那裡所發生的一切史料，我知道俄國人所做的無非就是他們所宣稱的。這也許不是詹姆斯·龐德電影的情節，但事實卻比任何駭人聽聞的冷戰主題通俗劇都令人驚異，儘管我對杭妮·瑞德（Honey Rider）與普西·加洛爾（Pussy Galore）還保留著殘存的青春期懷舊之情[12]。

於冷戰期間在英國長大，我一直被灌輸蘇聯是一個一心想接管這個星球的邪惡帝國之觀念。但我從來都不曾真正理解俄羅斯的領土有多麼廣大，直到我搭乘飛機前往莫斯科，然後再從莫斯科飛三個小時至西伯利亞最大的城市——新西伯利亞（Novosibirsk），這是一個工業巨獸，座落於西伯利亞鐵路（Trans-Siberian Railway）穿越鄂畢河之處。在地圖上，新西伯利亞甚至還不在橫越西伯利亞的中途，但它已然與莫斯科非常不一樣，和我前天才離開的佛羅里達州相較，根本是另外一個星球。

從新西伯利亞機場到動物演化遺傳學實驗室（一般稱為「狐狸農場」）的旅程，帶我經過外觀如此陳舊不堪的工廠，只有高大煙囪冒出的黑煙說明了它們仍在運轉中；我們經過個頭嬌小，全身包得密不通風的老婆婆們坐在翻過來的水桶上面，在已經寒冷蕭瑟的九月天裡販售農產品與鮮花；經過集體農場紀念館；再經過巨大的窪坑，它們看上去更像炸彈坑。終於，在大約半小時車程後，我們到達研究站入口。

在農場大門內，到處都是年舊失修的狐狸籠子，以及多處已經倒塌或倒塌中的混凝土建築物。雜草和草原從人類手中重新奪回這塊場域的使用權，同時當地人也開始占用這片土地。我看見一個人在一個區域內收割馬鈴薯，幾排狐狸籠子間長出了花朵，點綴了這樣一個毫無前景的地方。

我們繞著老舊的籠子結構慢慢走著，看著這些動物們。馴服的狐狸因為我們的到來而興奮得發抖，嗚咽著，似乎極度渴望與人類接觸。牠們讓我想起了小狗狗，因為牠們的參與度，還有對人類那種喜愛交際的熱情。我的其中一位嚮導打開一個籠子，一隻狐狸從裡面跳上她手臂裡，這真是驚人的景像。狐狸被轉交給我，牠似乎也很高興被我抱著。

我可能是擁抱狐狸的新手，但這隻小動物決心要把我教好。牠發出一點刺耳的吱吱聲，搖晃著蓬鬆的大尾巴，然後將頭深深埋入我的脖子旁。又有幾隻狐狸被從籠子裡移出，並被輪流傳送擁抱：牠們都表現出相同反應。一開始牠們都興奮得發抖，但旋即平靜下來，而且似乎非常享受被我們擁入懷中。我與毛色不同但同樣都被馴化的狐狸們都拍了照片，每一隻都以最親密的方式貼著我的臉。牠們或許看起來像狐狸，但從長遠意義上來說，別利亞耶夫創造了一種新的野獸，牠們更像一條狗。

我在西伯利亞的見聞證實了充滿愛意，被馴化的動物是可以在對跨物種關係沒有興趣的野生動物身上加以創造的。它指出正如德米特里被謀殺的哥哥，尼古拉所相信的，揀擇可以成為巨大的力量，在短短幾代內急劇改變動物。別利亞耶夫的長壽狐狸實驗告訴我們，僅藉由揀擇，就可能創造出與任何狗一樣被馴服的動物。這至少揭開了一點演化如何為我們帶來我們在動物王國裡最棒的朋友其神祕面紗，這是我們所做過，關於證明如何將友善和關愛植入狗身上的直接實驗證明裡，最接近完美的示範了。

與定義德米特里·別利亞耶夫在他的狐狸實驗中能證明的東西同等重要的是，釐清他的實驗裡沒有證明的事物。遺憾的是，別利亞耶夫的研究團隊實際上除了餵養並繁殖牠們，並沒有以這些狐狸進行任何其他的實驗。他們沒有帶牠們外出打獵，也不曾嘗試任何其他類型的合作任務。因此，我們無法自這實驗直接推斷出任何如狩獵這樣的特殊活動，導致狗發展其友善的本性。在考古學和人類學的支持下，這只能成為一種揣測。

此外，我們不能因為別利亞耶夫和他在西伯利亞的同事們親自挑選將在農場飼養下一代的那些狐狸，就假設古代的人類也是這樣做，在狗的發展歷史上選擇哪些動物將成為下一代的父母。選擇就是選擇，無論是由人為還是自然所揀擇。正如達爾文本人所指出的，「人為選擇」（由人類決定誰將成為下一代的父母）只是「自然選擇」其蒼白的倒影，這發生在自然世界且沒有人類干預，試圖留下生物生命的努力。兩者皆可導致相同的結果。別利亞耶夫如史詩般偉大的實驗顯示選擇可以產生更友善的動物。它沒有告訴我們是誰，或什麼，在狗這個案例上進行了選擇。

誠如我已說過的，我不相信人類創造了第一批狗。儘管當今世界上人類都在繁殖狗，但我無法想像我們的祖先能控制動物交配。早在狗首次出現時，人類根本就缺乏諸如項圈、遛狗繩、狗籠甚至牆壁與高籬笆的技術，這些技術對掌控其他物種的性生活至關重要。

我們的祖先可能進行了生物學家委婉稱為「合子後揀擇」（post-zygotic selection）一事是無法想像的：也就是說，淘汰他們嫌棄其長相的幼崽。但即便如此，以此方式產生改變還是有點碰運氣。如果你認為你要淘汰狼媽媽的一些幼崽，我會說「祝你好運」。我的猜測是淘汰所有小狼崽和母狼，比選擇留下其中一些更為容易。只透過選擇性淘汰一些狼，讓其他的狼成為下一代父母，你就指望在讓狼群變得更友善這件事上有所進展——老實說我不認為這是可行的。

我們的祖先也可能缺乏對遺傳的理解，而遺傳對於人類干預其他物種的繁殖是非常重要的。無論如何，只有高度近親交配的動物，如純種狗，才具有「繁殖純種」的特徵。如果你有兩隻白毛純種狗，那麼牠們的後代很可能也會有白色皮毛。但如果你有兩隻白毛雜種狗，牠們的幼犬可能會出現各種不同顏色的皮毛。遺傳學是一門非常複雜的學科，這是時至今日我還無法完全了解的科學，而我不相信一萬四千多年前的祖先，對於特徵如何遺傳這件事會有多少認知。

總之，我深信狗被創造一定來自於自然選擇。容忍人類的優勢，對於把我們的垃圾場當成家園的類狼性動物（wolfy animal）數量增加來說大有助益，以至於牠們因為擁有至少允許人們與之親近的能力，而為自然所選擇。當冰河時代結束，我們的祖先需要狩獵幫手時，狗對人類的容忍，被敞開而充滿愛意的關愛取代，這份情意的炙熱讓我們今日仍暖在心頭。

可以肯定的是，狗是由好幾個世代之間發生的遺傳變化所創造的。我們可能永遠不會知道的是，讓狗變成今天牠們這樣的動物究竟花費了幾個世代的時間。很可能是一、兩個隨機的突變造成狗突然徹底地改變，從只是將就忍受人類的生物成為今日我們所知道並喜愛，那可愛又有趣的野獸，這些動物不僅容忍我們，且積極尋找我們並說服我們照顧牠們。當你在收容所尋找新的犬隻伴侶時，這些動物會傳達訊息給你，是牠們選擇了你，而非你選擇牠們。這種動物的基因組與狼的基因組之間其確切的差異，正是今日犬科學領域中一些最有趣的研究主題。

但沒有任何一隻狗純粹是他或她的基因產物。相反地，每隻狗的怪癖——包括充滿愛意的行為——是牠的基因與其所處環境之間，微妙的相互作用之結果。一隻狗的生活如何使牠成為有愛的生命，本身就是一個引人入勝的學問。對於我們之中那些與狗同享生活的人來說，如何在這些珍貴的動物身上滋養情感，這問題甚至比牠們起初如何成為為愛而生的生物更加重要。

1 譯註：原文為 wolf-dog，但不是現在的狼犬。

2 譯註：這兩位是早期 007 電影中，龐德女郎的名字。

Chapter 6

狗狗們如何墜入愛河
How Dogs Fall in Love

我們的狗所擁有的基因是使牠獨特的關鍵。但是這些基因不像樂高玩具的說明書保證成品的形狀（假設你沒有丟掉任何零件）那樣，可以確定生命體的成品形式。反之，每個有機體遺傳的藍圖都是發展過程的起點，這發展過程如果重複一百次，它將創造出一百種不同的有機體。

儘管這並非故意而為，我那有著甜美又獨特個性的愛犬卻不斷提醒著我。現在當賽弗絲在我身後休息時，她的一隻耳朵和一個眼睛注意著任何可能送貨到家裡來的人們，而且也很了解我的所作所為，希望我或許有機會（不幸的是這機會很渺茫的）起身帶她出去散步或搭車兜風。為了做到這一點，她當然必須擁有能將蛋白質編碼的基因，讓眼睛、耳朵與大腦能夠進行這種資訊處理——但賽弗絲需要的不只是基因，才能讓她做得到這一切。要成為她現在的模樣，擁有極度撒嬌、貼心的個性與她獨特的喜好與厭惡，這不僅需要基因，還需要一組特殊的生活經驗。

顯然在關於狗狗愛的能力的發展歷史，基因產生了作用，就像它們在每個生物學的故事中都發揮效益一樣。近年來，關於狗及牠們的野生祖先間基因差異的發現，尤其是有助於我們伴侶其溫暖天性的基因，是狗科學領域中最激勵人心的發展之一。但環繞著一隻狗的周遭世界對於她發展成的樣態都有責任。

即使擁有所有正確的愛的能力基因，也不能保證每隻狗都能成為會愛人類的生物。那需要後天的經驗滋養，也需要天性。這裡套用在我的發展之旅中，扮演如北極星這引導角色的術語來解釋狗有愛的能力這個故事，不僅是關於系統發育（數個世代的演化改變），更是個體發生史（個體的個別發展）。當然，這引發了重要卻難以回答的問題：如果演化賦予狗愛人類的能力，但不是一定要這樣做，牠們又怎麼會願意愛我們？

🐾🐾🐾🐾

當我在思考關於狗產生愛的能力之偶然機率時，在大眾新聞上，我無意中發現有關歌手芭芭拉·史翠珊（Berbra Streisand）將她深愛的棉花面紗犬——珊米（Sammie）「克隆（clone）」的報導文章。被「克隆」的動物與作為克隆母體的動物共享身上所有的基因；這樣一來牠們就像同卵雙胞胎，在基因上完全無法區分。若你想比較系統發育以及個體發生史的效益，我知道，沒有比同卵雙胞胎更為理想的比較對象。數十年來科學家一直在研究同卵雙胞胎，以了解關於人類如何藉由我們的遺傳基因與環境間，複雜的相互作用來形塑人類。我想知道「克隆」在與狗有關的「天生對決養育」議題上能否提出任何見解？

我所讀到有關史翠珊的狗珊米的大多數文章，都集中在與克隆有關的高額費用與道德議題上。第一隻克隆狗於二〇〇五年在韓國出現，這一過程涉及將卵子植入一百二十三個代孕母親體內以產生一個可望生長發育的後代。當這麼多母狗被施以這個方法時，其背後隱含的道德議題性顯然大有問題。在隨後十年左右的時間裡，這一過程已然簡化不少，於德州的一個組織將能為你的寵物找代理孕母。只要你能自狗的臉頰內部提供一些細胞，該組織就能為你服務，你可以獲得被克隆的寵物，代價是美金五萬元。

我當然也對克隆寵物所涉及的金額感到很驚訝，而且道德上的問題也著實困擾著我，但我發現最有趣的是史翠珊女士本人對這些狗狗的評價。她報告説，歷經克隆過程產生的四隻幼犬看起來一模一樣，但是她也在《紐約時報》上寫道：「每隻幼犬都是獨特的，擁有自己的個性。你可以克隆狗的外觀，但你無法克隆靈魂。」我認為這是一個非常有趣的説法。她説的「你無法克隆靈魂」到底是什麼意思？

可惜的是我嘗試聯繫她，但史翠珊女士沒有回應我。而我找到一位與我只有車程二十分鐘距離的人，他在二〇一七年克隆了他的狗。像芭芭拉·史翠珊一樣，里奇·黑佐伍德（Rich Hazelwood）送了他心愛的㹴犬——賈姬·歐（Jackie-O）嘴裡的一些細胞與五萬美元到德州去；五個月後他有了兩隻新狗狗，分別命名為吉妮（Jinnie）和傑莉（Jellie）。當我在電話中與他交談時，黑佐伍德告訴我，儘管這些克隆狗看來非常相似，但牠們的個性卻「彼此之間有天差地遠的差異」。吉妮完全是母親的翻版，她完完全全是一位運動員、一名獵人、一名跑者。她可以跑三到四英里而不停下來。雖然傑莉（Jellie）與吉妮（Jinnie）具有完全相同的脱氧核醣核酸（DNA），但她卻非常不一樣。「潔莉有點像『沙發馬鈴薯』」，黑佐伍德説。「非常聰明，但不是很活躍。」

黑佐伍德告訴我，這些克隆狗也與牠們的母親（或姐姐，或脱氧核醣核酸（DNA）捐贈者，或你偏好的任何説法）明顯不同。賈姬·歐是四分之三的傑克羅素㹴犬，其餘四分之一由黑色的蘇格蘭㹴犬和英國鬥牛犬組成。這是一種完美組合，可製造出一條短捲髮的小狗（毛色主要是白色，上面有些棕色斑點）。吉妮與潔莉的面部標記與賈姬・歐相似（但不完全相同）。但儘管賈姬・歐的臀部上有塊棕色斑點，吉妮和傑莉自脖子以下都是白色皮毛，這證明了動物早期生命裡的微小差異，包括在子宮中的生命，如何影響身體的精確形態。

黑佐伍德的兩隻克隆狗看上去相似到可以被當成雙胞胎看待，但是當我與當時我的研究生麗莎・岡特（Lisa Gunter，目前是我的同事與合作者）一起探訪牠們時，誠如他在電話中所說，牠們的行為全然不同。吉妮向我們跑來，並且繞著我們打轉，跳起來向我們打招呼，我們一坐下就跳上我們大腿，在我們探訪全程都保持著警戒狀態。傑莉也過來歡迎我們，但很快地她就在沙發上小睡。

令人驚訝的是，兩隻年輕狗狗的母親（或姐姐……）還活著。現年十八歲的賈姬・歐向我們走來，一路吠叫著，只是吠叫著。可憐的老太太現在已經失明，我懷疑牠應該也已經聾了。她很友善，在同齡的狗當中算是擁有驚人的活動能力，但已然無法跟上女兒們的步伐。她留在地板上，花了好一會兒才停下來，不再吠叫。黑佐伍德說年輕時的賈姬・歐就像現在的吉妮一樣，精力非常旺盛。

在探訪黑佐伍德與他那同基因的三隻狗狗前，我對克隆狗的價值何在有些嗤之以鼻，而我仍然不鼓勵這種做法。但當我在面對黑佐伍德與這些狗在一起時的強烈喜悅，實在很難堅持我的懷疑立場。他解釋說，幾年前他一直處於人生低谷，而發現自己心愛的賈姬・歐再也無法陪伴他太久的時間後，這想法使他感到異常沉重。當他聽說有進行克隆狗狗的可能性時，他立刻致電德州，以尋求協助。

他這樣評論克隆的結果：「我從這種經驗中所獲得的快樂，很值得這五萬大洋裡的每一分錢。」當吉妮坐在他膝蓋上，傑莉依偎著他睡在沙發上時，實在很難抱怨這兩隻狗帶給他那再明顯不過的愉悅與幸福感。

親眼目睹克隆狗真是非常震驚的體驗。基本科學原理告訴我，人格不能完全由基因所決定。但是我仍然認為，兩個具有完全相同基因的個體，由同一位母親在同一時間內懷胎，彼此在差不多的時間內出生，又在全然相同的環境中被養育，還繼續生活在同一個家庭內，理當會有類似行為。史翠珊那關於不可能克隆靈魂的評論，使我思考到即便這麼多條件皆保持不變，性格在一定範圍內的變化仍有其可能。然而吉妮和傑莉之間驚人的差異讓我感到非常意外。雖然我們並未嘗試對黑佐伍德的狗狗進行任何性格上的正式測試，但我會將吉妮列為我所知道最外向的狗狗排行榜中前百分之二十，而傑莉則屬於內向度較高的狗。

顯然狗的生活經驗中，最微小的差異也有可能對基因的表現方式產生巨大影響。換句話說，一隻狗的脫氧核醣核酸（DNA）不會完全決定牠的命運。無論我們談論的是完整的基因序列，例如吉妮與潔莉所共享的基因；或者是較小範圍的基因組，例如賦予狗表達愛的能力的基因，這原則皆適用。

幼犬生來具有愛的基因，但仍需一座村莊來養一隻有能力去愛的狗[11]。

當我們檢視狗的關愛天性時，如果缺乏對其他物種的成員產生關愛的基因，牠們自然不可能成為現在的樣子。但是正確的教養方式對於這種行為模式的表達同樣重要。眾所周知，幼犬可以被養成冷漠，甚至對人類具有攻擊性，如果牠們的養育鼓勵這些行為模式。但是鮮少有人意識到幼犬可以長成能關愛人類以外物種的動物，而認知這事實對於了解狗如何長成為關愛我們的生物，有著非常重要的意義。

我將與你分享一個祕密，且希望它不會太令人沮喪。狗愛我們，是的，但是牠們對我們的愛與我們無關，卻與牠們有關。你的狗愛你，但牠幾乎可以愛任何人，不僅是任何人，而是任何生命，事實就是這樣。如果你的狗被土豚或斑馬撫養，牠會像現在愛你一樣地長大並愛著養育牠們的動物。

狗狗會愛人僅僅是因為牠們有愛的能力，但這不針對我們的物種。這對你來說似乎很驚訝，這僅因為你是人類，你通常看到狗狗與像你這樣的他者互動。這是可以被原諒的錯誤。一隻被土豚養育的狗在長大後喜歡這個物種，這樣說或許有點誇張——我想這還沒人嘗試過——但我確知，如果你是一隻被像阿卡巴士犬或安納托利亞牧羊犬等護畜犬保護而長大的山羊，你會為認為狗狗只愛山羊，這想法是可以被諒解的。

連企鵝都可以是狗愛的受惠者，就在澳大利亞瓦南布爾（Warrnambool）的小型社區外，沿著澳大利亞墨爾本以西的大洋路（Great Coast Road）驅車約兩小時可達的一座小島上。就在離岸不遠處，名字完全不詩情畫意的「中島」（Middle Island）為小企鵝聚落提供棲身之所。小企鵝不僅是體型小的企鵝；牠們是企鵝中，一種獨特的物種，小藍企鵝（Eudyptula minor），僅於澳大利亞和紐西蘭生活的原生種。我曾在西澳大利亞的企鵝島（也是頗為平淡的名字）上看過小企鵝。牠們無疑地是可愛指數最高的鳥類中，最溫柔、最貼心的成員。小企鵝站立時約一英尺高，牠們的後背則是介於暗灰色與海軍藍之間的藍色。牠們的巨大表親，例如皇帝和國王企鵝會顯得拘謹，甚至還有些嚴厲，小企鵝則因為牠們的體型尺寸與歡愉的搖擺走動，看來更顯得甜美可愛，甚至調皮。

為了看企鵝島上的小企鵝，我在退潮時走過一條堤道。當地政府並不鼓勵步行者，因為如果天氣劇變將會有風險，但我得以全身而退。堤道長約半英里，總被至少數英尺深的水所淹沒，這堤道在保護企鵝免於來自大陸的掠食者襲擊方面，盡到很好的功用。

然而，中島上的企鵝就不是那麼幸運。牠們棲息的島嶼離海岸僅六十英尺，海灘上的流沙創造了幾乎任何人都能穿越的地理條件。可悲的是，在二〇〇四年狐狸們侵入中島，幾乎殺死了島上所有鳥類。島上企鵝的數量曾一度超過八百隻，但在二〇〇五年時僅六隻鳥倖存下來。當地鎮民心煩意亂，但他們不知道該如何是好，而他們又無法將島嶼移往更遠的海上。

鄰近養雞場的雞農，大家都叫他「沼澤佬馬胥」（Swampy Marsh）想出一個絕妙主意，那就是找來飼養作為護畜犬的狗保護企鵝。馬胥因為狐狸群襲擊他的放養雞場而大為苦惱，束手無策，直到他買了一隻馬瑞馬犬（Maremma）來保護他的雞隻。馬瑞馬犬嚇阻狐狸遠離養雞場的英勇行為，讓他印象深刻。馬胥的第一隻馬瑞馬犬——班（Ben），把一隻狐狸追趕到馬路上。馬胥告訴《紐約時報》：「牠被壓扁了，成了一片狐狸披薩。」

馬瑞馬犬是來自托斯卡尼南部地區的古老犬種，英國報紙稱其「別緻但謹慎」。其他牲畜保護犬種則可見於地中海北部，自葡萄牙到土耳其，再至中東地區。在旅遊業成為南歐地區主要的經濟收入來源前，該地區使用狗來保護牲畜已有數千年歷史。荷馬在被認為已有三千多年歷史的《奧德賽》裡，記述了奧德修斯返回伊薩卡島時，幾乎被保護豬的狗殺死。

護畜犬不是古英格蘭的牧羊犬，追牧的牧羊犬是一種完全不同的動物。牠們的任務是緊密地遵循主人的指示，以便將牲畜——通常是綿羊——從一處轉移到另一處。儘管我確定我會收到來自古英格蘭牧羊犬等品種擁護者的仇恨郵件，但我懷疑放牧犬的歷史幾乎與護畜犬一樣古老。一方面，保護牲畜比放牧要簡單許多——那不涉及人類主人大聲呼喊，或吹口哨傳達複雜的任務指令。另一方面，狗具保護功能的歷史證據可追溯至歷史記錄的起始，放牧的證據則出現得較晚。最初的牧羊犬試驗是十九世紀後期的發展。

遺憾的是，當歐洲人遷往北美洲定居時，並未將以狗保護牲畜的概念一同帶過去。直到一九七〇年代護畜犬才重新被引入，這要歸功於漢普郡學院（Hampshire College）的瑞．科平格。瑞多次前往南歐，造訪了葡萄牙、西班牙、義大利、希臘與土耳其等地的偏遠山區。在那裡他觀摩牧羊人，了解他們如何利用狗來守護羊群。他將於北美洲首次見到的馬瑞馬犬帶回了北美。

有一天雞農沼澤佬馬胥與正在他的養雞場工作的生物學學生戴夫．威廉斯（Dave

Williams）聊天，他們談論到中島的悲慘處境。馬胥說人們應該把一隻狗與這群企鵝放在一起。威廉斯將這個點子納入學位課程中作為一部分的重點。他寫的報告最終以提案形式呈交給瓦南布爾市議會——只有其他幾種非常少的選擇——同意威廉斯與馬胥的狗奇數球（Oddball）一起在島上紮營。

儘管奇數球後來成為電影明星[12]，但她在中島的駐守並未圓滿成功。在與她同在島上露營一週後，威廉斯獨自暫離中島，留下奇數球與企鵝們一起。那隻可憐的狗變得孤獨，三週後她離島出走，回家去找馬胥與雞隻們。問題是奇數球太愛人類，只有企鵝相伴無法滿足她。

威廉斯和馬胥在島上試了第二隻狗——密西（Missy），她停留時間較長一點（他們選擇密西有部分原因是她後腿不好，讓她爬下懸崖逃脫的難度增加），但數週後她也回到家鄉，享受文明生活。

雖然頭兩隻狗未能與企鵝們建立連結關係，但牠們做的已然足夠。在島上有馬瑞馬犬駐守的第一個企鵝繁殖季節裡，沒有一隻企鵝寶寶被狐狸抓走。

威廉斯知道如何改善這情況，為了驅策護畜犬真正地關心牠們的標的物，牠們需要在生命早期與這些標的物有所接觸。今日中島的小企鵝由兩隻狗守護——尤迪與圖拉（Eudy & Tula，來自Eudyptula，企鵝所屬的拉丁語學名），牠們自幼犬時期即認識這些企鵝。

正如狗必須在生命早期接觸企鵝以便關愛牠們，愛犬也必須在生命早期與人們相遇、相處才能對我們產生愛意。農場養育的幼犬在長大後可以與所有和牠們有所互動的動物形成強烈的連結：豬、山羊、牛、鴨、雞，及農場裡可能有的其他動物。如果上述這農場沒有人類的存在（我相信喬治・歐威爾寫過這樣一個地方），那麼當狗長大，牠們將不會對人類感覺到愛的存在。

農民們與他們的同儕早在科學家們想通這件事之前，就知道狗的這種怪癖。早在一八三〇年代於烏拉圭，查爾斯・達爾文偶然發現沒有牧羊人支援的護羊犬。他向附近牧場詢問狗與羊群間「如何建立起穩固的友誼？」當地人告訴他：「教育方法包括將幼犬自母狗身邊帶開，並讓牠適應未來的同伴……在羊舍中以羊毛為牠設置狗窩；任何時候都不允許與其他狗或家庭中的兒童往來或互動。從這種教育中，牠不會想離開羊群，就像另一隻狗會捍衛牠的主人、人，與這些羊在一起是同樣道理。」

達爾文的發現並未以應有的速度進入公眾意識中。確實，瑞・科平格在晚年時哀嘆人們一直沒有留意護畜犬如何工作的原理。由於他去過歐洲，並帶回義大利的馬瑞馬犬、土耳其的阿卡巴士犬與安那托利亞等品種，人們因而了解到護畜犬具有保護農場動物的本能，世界上其他地方的狗則沒有這樣的傾向。瑞承認成為一隻好的護畜犬可能有基因方面的因素，例如只保有非常基本的狩獵本能，但他堅信早期的生活經驗是使狗能關愛及照顧牲畜絕對的關鍵因素。

就像達爾文一樣，瑞了解到讓狗傾向於看護牲畜的原因，在於讓狗與牠日後將看顧的物種一起成長的經驗。關於將幼犬與人類以及同類完全隔離是多明智的看法各不相同，讓狗與人類有些相處經驗可能讓牠更聰明，以便牠日後生活可由人類來處理。同樣地，無法與自己的物種互動，對於成年犬的性慾會是一個問題，但讓幼犬與要保護的物種在一起的必要性是不可懷疑的。再多正確基因的選擇數量都無法彌補生命早期的錯誤經歷。

這裡所要談論的是一個稱之為「銘印」的過程。奧地利動物行為學家（也是愛狗人士）康拉德．勞倫茲（Konrad Lorenz）在一九三〇年代發現了銘印理論。這是愛的基因與實際上能愛人類的狗之間的關鍵聯繫，這基因創造了狗與我們建立強烈連結的潛力，卻無法獨力令任何一隻狗成為關愛人類的生物。

勞倫茲以展示在鵝身上的銘印而聲名大噪。他先安排好，讓一群雛鵝從蛋中孵出時最先看到的就是勞倫茲，這經驗足以確保牠們對他產生銘印效應。之後便有許多小鵝追著勞倫茲跑的可愛照片。

銘印是幼小動物學習自己是誰的過程。沒有生物是生來就知道他屬於何種物種，以及何種事物是他應該與之形成關係的。每一個個別的動物皆必須學習回答生命中一個最迫切的問題：我所屬的物種是？透過看、聞、聽，一旦感官開始向這世界敞開。各種幼小動物在生命早期即四處尋找，無論遇到何種生物，從今以後牠們都將其視為牠們餘生中，尋求為伴的合宜動物品種。

絕大多數的動物只有一個短暫空窗期，在此期間內牠們得以學習應與誰為友（生物學家稱之為「社會銘印的關鍵時期」）。對於大部分的野生動物，例如演化出狗的狼而言，速戰速決有其必要。雖然過去未曾有任何嘗試對狼群進行的正式實驗，但我們有充分理由相信，說服狼有與人類為友的想法，這機會之窗在牠們出生三週後即宣告關閉。

這非常合理：在自然界中，對野外和森林中的野獸們來說，與其他物種成員為友是不智之舉——儘管有《與森林共舞》（The Jungle Book）及其他一千個兒童故事。被視為獵物的動物若試圖與掠奪性動物為友，很快就會成為掠奪性動物的晚餐，反之與獵物當朋友的掠奪性動物也會面臨餓死的命運。要野生動物願意並能夠學習與何種生物形成關係這短暫的空窗期，除非有特殊情況，否則野生動物只能與自己同類為友。

狼的「關鍵時期」如此短暫，是很難養育這些動物們接受人類成為社會伴侶的主要原因。這也是為什麼莫妮可．烏黛爾和我很幸運能接獲與狼公園聯繫，並被邀請測試他們的「服從指控」（docile charges），狼公園是全球人工精心飼養幼狼的頂尖機構之一。狼公園自一九七四年開始以人工飼養狼群。創辦人艾理希．柯林哈瑪（Erich Klinghammer）與埃克哈特．赫斯（Eckhard Hess）一起就讀芝加哥大學，後者實質上撰寫了關於銘印的專書。對銘印的科學認知是狼公園的成功關鍵，即便如此，柯林哈瑪和他的學生及志工在人工飼養幼狼的首次嘗試，充滿問題與困難。狼公園裡一些具有老資歷的朋友們仍留有疤痕，展現他們早期試圖說服狼群應與人為友那段跌跌撞撞的經歷。藉由嘗試與血淋淋的錯誤，柯林哈瑪的工作人員逐漸意識到他們只有短短數週時間，能誘使幼狼接受他們，在這段時間內他們必須一天二十四小時，一週七日全天候與幼狼同住，才能讓這關係穩固。隨時間流逝，他們的努力獲得豐厚的回報，尤其是為今日仍進行中的研究奠定基礎。

二〇一〇年，我的學生奈森・霍爾（Nathan Hall，現為德州理工大學教授）與瑞・科平格的關門弟子凱瑟琳・洛德（Kathryn Lord，現為布洛德研究所研究員）飼養了一窩狼公園的幼狼，以便研究牠們行為發展的細節。我得以近身第一手觀看流程，幼狼出生十天後即自母親身邊被帶走，並帶至狼公園裡特殊的幼狼室。這裡有足夠的空間在地上放一張泡綿床墊，且緊鄰著相似尺寸的空間。凱瑟琳與奈森用奶瓶餵養幼狼，擦拭嘴巴兩端流出的液體，並試圖在幼狼睡覺時迅速地小睡片刻，然後被飢餓的小嘴巴們喚醒，重新開始新的循環，他們在開始十二小時的輪替交班時幾乎不相識。帶著六隻幼狼是工作量很多的負擔，每當我突然跑去看望他們時，凱瑟琳和奈森總是睡眼惺忪。然而，這勞力付出顯然得到很大的回報，他們對幼狼所發展出的感情明顯地得到回應。因為這些幼小的動物仍處於社會銘印的關鍵時期，所以牠們已準備好去愛凱瑟琳和奈森，並學會接受人類作為一般性社會伴侶。[13]

在大約七週的磨難後，凱瑟琳與奈森學到了好幾世紀以來馴獅人所知道的：馴服野生動物是可能的，但這是非常艱苦的工作。儘管狼群與獅子們皆可以透過銘記作用對人類產生社交關係，但是要達成的機會卻異常短暫，而為了穩固這種關係，必須最大程度地讓人類暴露於牠們身邊。

另一方面，馴服狗狗是如此簡單，以致於許多人甚至沒有意識到自己正在這樣做。就像狼群和獅子，每隻幼犬都必須在很小的時候就銘印於人類身上，以便讓牠接受人類成為這一生中的社會伴侶。但不似食肉目動物中的其他成員，狗真的很容易被馴化。如果一隻幼犬出生後在人類附近的任何地方長大，牠將與人類形成足夠的社會連結，從而在餘生中都與他們保持友好關係。即便不住在人類家庭內的街狗，通常長大後還是會視人類為伴侶，只要在幼犬出生後數個月內，人類夠接近牠們，讓牠們偶而能聽到、看到和聞到人們的氣味。這就是狗傾向形成強烈情感連結的力量：去愛與尋求愛。

狗對於人類的愛須自幼時養育中發展的相關研究證據，來自於為數不多，專門針對狗的行為而進行的大型實驗之一。狗對為大科學（Big Science）提供資金的機構而言不是那麼重要，因而針對狗進行的大規模實驗機會很少。儘管如此，在一九五〇年代緬因州巴爾港的賈克森實驗室（Jackson Laboratory）進行了一系列重大的研究，研究持續了十三年，涉及數百隻狗。其結果讓這項實驗成為關於犬隻生物學和心理學領域的開創性研究計劃之一。

研究人員在巴爾港進行的其中一項實驗中發現，早期體驗對在生命中形成關係非常關鍵，即便是像狗這樣在基因上已準備好愛人類的動物也是一樣。在這項研究中，科學家們嚴格控管不同組的幼犬對於人類的接觸程度。他們在八英尺高，被籬笆包圍的大型戶外場地養了八窩幼犬。食物和水透過柵欄上的一個孔洞餵給狗，如此一來牠們就可以在沒有人類接觸的情況下長大。但每週都會在一窩幼犬中，選一至兩隻進到室內與人類互動，每天進行一個半小時，然後再讓幼犬們回到母親和同窩夥伴的身邊。等幼犬十四週大時，將牠們全數帶入室內並測試牠們對於人類的反應。

這項研究有兩個非常驚人的結果。首先，絕大多數的幼犬即使在一週中，每天僅有九十分鐘與人類接觸，牠們還是與年輕成犬一樣，對人類在身邊表現出快樂的情緒。對於在生命第七週時短暫接觸過人類的幼犬更是如此。這一發現突顯出馴服狗有多容易；即使這樣的生活規則讓幼犬能得到的人類接觸，比大部分接近人類的狗自然得到的人類接觸經驗少了許多，也足以確保幼犬與人類建立社會連結。

儘管第一個發現很重要，實驗中的第二個發現可能更為重要：養成一隻在人類環境中無法舒適生活的狗是很有可能的。一群直到十四週大時才見到人類的幼犬，科學家們報告說「就像小野生動物」。即使後來在一個多月的時間裡給予密集的人類接觸與訓練，牠們也僅表現出輕微的改善。牠們並不被馴服，也無法被馴服。

花點時間思考一下這結果。馴服——更不用說對人類的感情——儘管基因使之成為可能，但對狗來說並非先天固有。相反地，這種品質是在幼年時期經由接觸而獲得的。僅僅在很小的時候看到、聽到和聞到人們，就可以讓狗這一生中都能接受人類。如果這接觸發生於最敏感時期，則每天一個半小時，持續七天也就足夠了。但倘若上述敏感時期的接觸沒有發生，則狗愛人類的遺傳潛能將永遠消失。而且我們有充分理由相信狗狗愛的潛力同樣可以發揮在山羊、綿羊、甚至小企鵝身上，儘管還未曾有正式實驗進行過。幼犬要在生命早期階段與其他物種有足夠接觸，才會發展出連結關係。

我非常想看到早期生活經驗如何形塑出狗的關愛行為，但是我無法想像自己親身進行像這樣的實驗。儘管研究人員沒有明確說明，但顯然他們所飼養的那些缺乏與人類接觸的狗狗們——那些成年後無法與成年人建立關係的狗——在研究結束後被施以安樂死。我認為這是不合情理的。

中島的「實驗」有比較歡樂的結局，儘管我還沒有機會參訪牠們，將來有一天，我非常希望能親眼見一見保護企鵝的馬瑞馬犬。但幸運的是，無需長途旅行即可看到與我們以外的其他物種形成強烈依戀的狗狗們。

大衛和凱瑟琳．海寧格（David & Kathryn Heininger）是亞利桑那州東北部靠近新墨西哥州邊界的乳羊農場酪農。有一天下午我偶然發現了他們，當時我正在谷歌搜索，搜尋在我位於沙漠的家一天以內的車程範圍內，是否有護畜犬。我以電子郵件聯繫他們，海寧格夫婦迅速回應了我，並邀請我親自前往探訪他們那奇妙的狗狗們。我的研究合作者麗莎．岡特和我的妻子蘿斯與我同去，我們開車經過亞利桑那州最大的大麻種植場，和散布在紅土丘上各式各樣奇貌不揚的拖車屋，終於到達海寧格的牧場。大衛和凱瑟琳將自己形容為與世隔離的隱士，但我無法想像還有比他們更善於交際而友善的隱士。在我第一手直擊現場後，我立刻看到他們也將親和力施展於他們的狗身上。

海寧格家的四十隻山羊受到三隻安納托利亞護羊犬——瑞．科平格自歐洲帶回的品種之一——和一隻古英格蘭牧羊犬的全天候保護。安那托利亞護羊犬——倫傑爾（Ranger）、瑪蒂（Mattie）與凱琳（Kailin），使牧場完全擺脫土狼的騷擾，而古英格蘭牧羊犬金曼

（Kingman）則以清除因土狼消失而趁虛而入的草原犬鼠為職責。（草原犬鼠不是狗，也不生活在草原上；牠們基本上是土撥鼠，對山羊群沒有危害。但是如果牠們數量很大時就很討厭，因為牠們會吃光原本就稀疏的植被，而金曼顯然很喜歡將牠們趕出自己的守護領域。）與你過去所聽聞的完全相反，護畜犬鮮少與牠們遇到的掠奪性動物發生爭鬥。正常情況下，當一隻土狼、狼、野狗或其他闖入者發現牲畜受到專業護畜犬的保護後就會離開。這意味著這些狗不是致命、威懾的形式，在許多的大型食肉動物瀕臨滅絕世界中，這是非常具有價值的。

正如我所預期，海寧格家的狗並未對人類表現得冷淡疏離。他們的四隻狗皆以友善而感興趣的方式接近訪客，並渴望被拍撫。大衛和凱瑟琳向我解釋說，牧場主人們希望他們的狗如何與人類接觸的方式，各有不同之處。由於他們生活在一個相對不是很大的農場裡，那裡的狗很少遠離人類，所以海寧格家並不介意他們的狗對人類有某種程度的社交興趣。但在問候訪客後，所有的狗都回去與山羊一起。牠們在還是幼犬時即與山羊一起相處，並對山羊留下了銘印。

狗沒有非常熱情地表達出對山羊們的關切與照顧。這些狗保持非常靠近的狀態——通常距離最靠近的山羊不超過十英尺——但牠們未曾試圖磨蹭山羊或以任何其他的方式互動。凱瑟琳將山羊與安納托利亞護羊犬間的關係描述為「就像一對結婚很久的老夫老妻」，這似乎是一種很好的說法，有關注與關懷的證據，但沒有很多開放性的身體情感。凱瑟琳解釋這是有其意圖的，小山羊出生時，狗必須保持近距離警戒，但太過於興奮而想與小山羊玩耍的狗可能會稍一不慎而意外傷害到小山羊。因此年輕成犬與山羊間的肢體接觸是不被鼓勵的。

雖然安那托利亞護羊犬可能不是最會表達愛意的伴侶，但牠們對於山羊群的關切卻非常明確。大多數情況下，狗似乎只是在紅色泥土上睡覺，但如果有入侵者出現，牠們會迅速發出呼聲和吐氣聲，讓入侵者的蹤跡無所遁形，甚至連棲息於鄰近樹木上的烏鴉也很快就被趕走。當我暫離這群生物片刻後，再試圖回到人類和山羊群那裡時，在附近顯然快睡著的倫傑爾清楚地向我表明，我不受歡迎。大衛不得不出面調停，並向狗解釋我是無害的，應該被許可，重新加入這片被保護之地。

凱瑟琳偶然間提到，她與大衛可以從狗吠的語氣中，辨別出狗所關注的入侵者是烏鴉、蛇、土狼、人或其他生物。這告訴凱瑟琳與大衛，狗是否需要幫助，如果有需要，那麼可能需要攜帶何種工具來應付入侵者。凱瑟琳的說法反映了尼加拉瓜瑪揚那族獵人所宣稱的，僅憑吠叫聲就能分辨出狗找到何種獵物。這個人犬連結之力量與實用性的新典範令我萬分著迷——而且我很高興我沒有機會進行測試。

護畜犬的例子說明了狗的早期生活經驗如何使其愛上人類，或山羊、綿羊或其他伴隨成長的動物。網際網路上充滿許多狗與小鴨、天竺鼠、兔子、小豬、烏龜、牛以及很多其他動物成為了朋友那超可愛的例子。將狗與貓咪養在一起，甚至可以和牠們傳統的貓科死對頭成為朋友。

狗從基因中獲得情感的初始化程序似乎令人震驚地開放。狼和其他野生動物對陌生個體持懷疑的態度，即便牠們來自在發展早期即已銘印的物種（包括牠們自己的物種），而狗卻更願意在一生中結交新朋友。這可經由評估兩個體之間情感連結的強度之研究加以測量。

我在本書第二章中提過，研究我們自己物種發展的心理學家們，已經找到方法來評估孩童與照顧者間的連結強度，而這些測試中最為廣泛採用的一種方法就是安沃斯的陌生情境流程，這方法被採用以提供證據，證明我們的狗在情感上如何依附於我們。它亦揭露狗如何開始形成這種連結。

你可能還記得，在這項測試中一位母親（或其他照顧者）與她的孩子被帶至一個陌生的空間。然後是一系列總共二十分鐘的階段測試，在此期間，孩子與一名陌生人共處一室，然後再與母親相處。該流程旨在模仿孩子生命中與熟悉及陌生人的自然流動，並讓她在此一過程中承受輕微壓力。與他們的照顧者有穩固連結的孩童們，通常在照顧者在場時快樂地進行探索，其中可能包括與陌生人互動。但當母親離開時，孩童們明顯變得悶悶不樂，並退縮獨處。當母親回來後，即可見到安全依附的孩童重現快樂，而且很快地回復對自己的世界那心滿意足的調查。安全依附度較低的孩童可能會漠視他們的雙親，無論在場者是誰都不想探索，甚至在母親離開前就表現出困擾不安，或者在整個過程中都顯得壓力很大。

當對狗進行這項評估時，牠們表現出與人類極為強烈的連結，特別是牠們的主人。在對牠們而言特殊的人類在場時，牠們看來很有自信，但當主人離開時，牠們顯得很焦慮，這種模式是心理學家在我們自己的物種身上看到，稱之為「安全依附」的現象。這說明了狗對於與牠們共享一段特殊關係的人類，有多麼強烈的連結感。這是一個了不起的發現，但更值得注意的是，對沒有特殊人類的狗進行測試時會揭露何種事實。

在布達佩斯著名的家庭犬專案計劃中的一項研究裡，瑪塔・蓋斯西（Márta Gácsi）和她的研究合作者們，在一個匿名的狗狗收容所中進行「陌生情境」測試。收容所裡的狗都沒有「主要照顧者」或「幼犬雙親」、「主人／女主人」，或任何你偏好的說法。收容所內沒有任何人類能與牠們有機會形成有意義的連結，甚至根本沒有真正的互動機會。這些狗成群——超過一百隻狗—住在四分之一英畝的院子裡。牠們被餵食，一名照顧志工每天清理一次院子，但除此之外，牠們基本上沒有與人類接觸。

實驗人員帶走其中三十隻狗，每天給牠們十分鐘單獨玩耍和互動的時間。兩名女性中的一名會與每隻狗説話，撫拍牠，並且給予牠簡單的鍛鍊和一些玩耍的機會。每天僅十分鐘，連續三天。然後他們將這三十隻狗和另外三十隻沒有與之互動的狗放入「陌生情境」測試的簡單版進行測試。現在與狗有過三十分鐘熟悉度的人擔任母親角色，另一名實驗者則是陌生人。對於沒有與任何一名實驗者在一起的三十隻狗，母親和陌生人的角色採隨機分配。

我非常驚訝地得知，當訓練有素的觀察員——他們不知道哪隻狗接受過有限的處理，及哪些狗完全不熟悉兩位實驗者——觀看研究的錄像記錄，並對牠們進行了與受測的孩童們被評估時一樣的分析，觀察者發現對一名人類有些許接觸的狗會對那名人類顯現出依附。經過實驗中與人互動過的狗站在門邊嘗試出走的時間較少，當熟悉的人離開測試室後再返回時，接觸過人類的狗對她表現出尋求更多的接觸。總而言之，經過三十分鐘在實驗中與人互動過的狗被描述為以熟悉的人類作為「安全堡壘」，這正是安全依附的標誌之一。

當我讀到狗會如此迅速地表現出依附時，我真的是十分驚訝。我們自己物種的年輕人可以那樣快速地建立依附，幾乎是難以察覺到的。（對於在與收容所內的狗類似條件下撫養的孩童們進行的實驗——謝天謝地——幾乎是不可想像的。可悲的是在某些情況下，例如在蘇聯時代末期於羅馬尼亞的孤兒院中所發現被漠視的兒童們，科學家們已能證明在缺乏持續照護者的穩定情況下撫養兒童，那可憐而持久的後果。對年輕的人類來說，這種剝奪的影響很難以補救，就像狗狗們。）

我以前的學生艾瑞卡·佛爾貝洽（Erica Feuerbacher，如本書第二章所述，她進行了狗對拍撫與食物的偏好研究）與我非常偶然地發現了，證明狗可以快速建立關係的其他額外的證據。我們那時正在調查寵物犬對主人與對陌生人的行為有何不同。在這項研究中，我們調查了十三隻收容所內的狗在兩個人間做出選擇時的反應。收容所內的狗被視為對照組而納入研究，但事實證明，結果相當出人意表。

這些收容所的狗生活在單獨的柵欄裡，或與狗窩中的夥伴配對，每天與志工和收容所的工作人員面對面；此外，公眾成員也會時不時與牠們互動。但除此之外，這些狗在牠們的生活中沒有對牠們而言特殊的人類。

艾瑞卡將這些沒有連結的狗逐一帶到收容所內一間陌生的房間，並讓牠在兩名相距約兩英尺半，坐在椅子上的年輕女性間進行選擇。這兩人都準備好了，並願意在足夠接近的距離下撫摸這隻狗；她們對狗來説都是全然的陌生人。

即使這些收容所內的狗先前未曾見過這兩名女性，在十分鐘的單一時段內，大多數狗會對其中一名表現出強烈的偏好。收容所內的狗對一名陌生人產生優於另一人的偏好，與寵物犬展現對牠們的主人或女主人，在同樣的情境設計下，於主人與陌生人之間選擇的結果很相似。在十分鐘內，寵物犬平均花八分鐘與熟悉的照顧者一起；收容所的狗則與牠們偏好的陌生人相處七分鐘半。

令人驚訝的是，狗可以如此迅速地形成對一個人勝過另一人的偏好，雖然我必須在這結論中提醒的是，這些狗在十分鐘後與陌生人產生連結，就像與牠們一起生活多年的某個人間的連結一樣強烈。當我們比較寵物犬在主人與陌生人間的選擇，以及收容所內的狗在兩名陌生人間選擇的行為時，我們確實注意到了其間的差異。大約有一半的寵物犬緊挨著主人，直至十分鐘的最後一秒。收容所的狗狗中，沒有一隻與牠所偏好的陌生人相處極長的時間。有些寵物犬實際上與陌生人在一起相處了很多時間。只要照顧者在附近，就有探索陌生環境的意願，事實上這就是安全依附的標誌。沒有一隻收容所的狗花比較多時間與較不偏好的陌生人相處。

因此，寵物犬對主人的反應，及收容所的狗在兩個隨機的陌生人中，對其中一人有偏好，這兩者間必然存在著某些差異。但狗能如此快速地產生對某些人類的偏好，這一事實非常令人驚訝，並且證實了狗與人類如何形成關係，存在著獨特之處。我認為這可能和將狗與威廉斯氏症其非凡的社交能力連結起來的基因有關。這些實驗突顯出狗的社會流動性、外向性格，超社交，基本上是形成關愛連結的能力。與我們自己的物種或野生動物相比，牠們在情感展現上的意願更高——我敢肯定這正是其魅力的重要部分。

但儘管狗比人類更快速地形成連結，我也懷疑牠們會更容易將連結鬆綁。

我並非要破壞狗著名的忠誠度這一概念；狗在捍衛心愛的人類時，不惜採取傷害自己的方式，甚至被殺死。在這成千上萬的故事裡，其中有些無疑地是杜撰或誇大事實的，但其中某些必然是真實的。懷疑論無法對所有傳言一一加以證實，實在有太多故事了。舉例來說，年紀較大的救援犬彼得（Pete）死於保護牠的主人和這家庭的另一隻狗，免於黑熊的襲擊，他們於二〇一八年一個冬天的早晨，在紐約格林伍德湖徒步穿越樹林時被突襲。二〇一六年時，身為服務犬的鬥牛犬普希絲（Precious）犧牲她的生命來保護主人——羅伯特・萊因伯格（Robert Lineburger），她跳起身來阻隔在主人與正要發動攻擊的短吻鱷間。賈斯・迪科塞（Jace Decosse）的鬥牛犬坦克（Tank）於二〇一六年死亡，當時牠試圖保護他，賈斯那時人正睡在加拿大阿爾伯塔省埃德蒙頓市（Edmonton, Alberta）的家中床上，而襲擊者以撬棍攻擊他。所有這些，還有很多很多，都是真實的故事，僅僅是因為我們永遠不會做確認狗是否願意為拯救主人而死的實驗，不代表這些故事對我而言就沒有說服力。

但我對像是一九四〇年原始版本的《靈犬萊西》中，有關萊西的故事即抱持懷疑態度。在故事中，這隻狗跋涉數百英里，找到了回到原來人類家庭的路。如果狗確實是寧願死也不願被寄養，那麼每年數以百萬計收養曾與其他家庭生活過的成年犬的人們，將無法獲得我們所知道他們確實擁有的幸福結果。

我自己的雜種小狗——貼心又單純的賽弗絲——在她進入我們家之前，在另一個家庭度過了生命的第一年。我們收養她後的頭幾週，她顯然感到困惑與沮喪。然而不到一個月，她變得很高興與我們一起，沒有人會猜到她不是在還是小小狗時就加入吾家幫派。如今她已經與我們共度六個年頭。最近為了看看她會怎麼反應，我說了我們所知道她在生命第一年的名字。我說：「賽拉（Thyra）」不確定會發生什麼事。我什麼回應都沒收到，完全沒有任何反應。我不確定這是否意味著她已經完全忘記最初與自己一起居住的人類。我確實很想知道，如果她再次見到他們，她會如何回應她的第一個人類家庭。僅僅因為她認不出自己的舊名字，不代表她就不會認出這些人類。查爾斯・達爾文在航行於世界各地那五年內一直在思考這問題。他很驚訝地發現他的狗皮徹（Pincher）在他離家很長一段時間後再度回家時，仍認出了他。據艾瑪．陶森（Emma Townshend）的那本精采小書《達爾文的狗》中所述，其實是達爾文的姐姐卡洛琳在一封信中提出了這個問題：「我很好奇皮徹會不會很高興再次見到你？」皮徹的反應給達爾文留下了深刻的印象，以致於他將這段經驗收入《人類的後裔》（The Descent of Man）內：「我養了一隻野蠻而且討厭所有陌生人的狗，在缺席了五年又兩天後，我刻意試了牠的記憶力。我走到牠住的牛棚附近，以我原有的方式對他喊叫；他沒有流露喜悅之情，但立即跟隨我走開並服從我，就好像我半個小時前才和牠分開一樣。在牠的腦海中瞬間喚醒了一火車休眠五年的舊有聯想記憶。」

我很想知道達爾文指出皮徹「沒有流露喜悅之情」是什麼意思，這似乎暗示那隻狗已然忘懷他；但他隨即補充說皮徹「跟隨我走開並服從我，就好像我半個小時前才和牠分開一樣」，這清楚地表明那隻狗已經記得他。我認為狗可能會記住人類非常多年，但或許情感連結會隨時間消失。在我看來，狗能迅速形成新連結代表舊連結會消退，但目前這完全是猜測；至今沒有任何我知道的研究支持此一想法。

無論如何，我寧願把重點放在關愛的關係其幸福的起點上，而非這關係可能的消亡。我仍然清楚地記得母親與我到懷特島郡，皇家防止虐待動物協會的動物中心，看那裡是否有適合我們家的狗可領養。我們答應了我的弟弟傑若米（Jeremy），如果我們沒有先給他一個審查我們的選擇之機會，將不會帶任何狗回家。但當我們來到班吉的狗窩前面時，他以強而有力的方式向我們證明他是我們的狗，以致於我們無法把他留下來，自己開車離開。我母親交了五英鎊，而班吉從此就是我們的了。傑若米對我們很惱火，但班吉也對他施展了魔力，傑若米很快地就被說服相信這確實是我們的狗。

我的家庭四十年前的這段經歷非常稀鬆平常。有許多人報告說他們並沒有真正選擇他們的狗，而是他們的狗選擇了他們。他們無法確定這隻狗是如何做到的，但是舉止裡有某些事物以某種方式說服人類這隻狗一直都是他們的狗，例如眼神、身體姿勢，而把狗帶回家只是在完成一個早已存在的連結。這種說服人們接受牠們並保護牠們的能力，必然是狗在人類社會中成功的關鍵成分。

狗對人類產生濃厚興趣的速度之快著實令人吃驚，但這實際上是為開啟牠們與其他物種的成員建立連結的基因程序。只是因為狗具有這種奇妙的開放性基因編碼，並不意味著牠們總是會使用它。

雖然擁有正確的基因對於狗俱關愛的天性很關鍵性，但這遠遠無法完整地陳述牠們是誰的這個故事。個別的狗長大後，成為各種各樣的樣貌：與我們共享房屋愛意滿滿的伴侶、人們無意靠近的危險且具侵略性的野獸、甚至是害怕人類從不尋覓人類為伴的野生動物。生活經驗是決定性因素。即使是實際上從完全相同的基因物質構造而成，從同一母親的子宮誕生，在同一個人類家庭中長大的克隆狗們，也可以發展出完全不同的個性。（我多麼希望能夠對一百組克隆狗進行狗狗的性格測試！）

護畜犬是狗對我們的物種以外的其他物種展現關懷，最廣為流傳的例子。狗狗如何在長大後，成為關愛他者的這種證明散布於世界各地，而且也相當古老。七十年前在巴爾港進行的實驗指出，正確的早期生活經驗對於養成關愛人類的狗很重要。該實驗是由兩位遺傳學家——約翰．保羅．斯科特（John Paul）與約翰 L. 富勒（John L. Fuller）所指導，但當在生命晚期時，史考特應邀寫下關於那重大的研究專案教予他的回憶時，他簡潔的總結是：「遺傳學不會讓行為穿上緊身衣[14]。」

自史考特及富勒的時代以來，遺傳科學就突飛猛進，而行為研究的技術則幾乎沒有發生太大變化——實際上不過是系統化觀察而已。也許這就是為什麼，當我與由愛狗人士所組成的聽眾交談時，人們很容易被告知有某些基因使狗愛意滿滿，而他們卻對應該更廣為人知的事實感到驚訝，即狗所處的環境決定其性格。我告訴他們，舊科學仍然可以是一門好科學。事實上，這是一門古老的科學，即對動物周圍的世界如何塑造其性格的研究，可能會產生更大的影響。

確實，遺傳學與環境在定義個別的狗其特質方面是「對等夥伴」，就像它們在所有生物領域那樣。但是我們對它們沒有同等的控制權，我們被基因卡住而動彈不得。當然，使用目前的科技，付出驚人的代價，就可以對個體的脫氧核醣核酸（DNA）進行細微的改變，但基因工程仍然是屬於未來而非現在的工具。另一方面，我們的狗所處的環境，完全在我們控制之下。我們創造了我們的狗所誕生的世界；如果我們願意，可以改變那些世界。這樣一來，可以讓牠們與我們一起度過牠們最美好的生活。強大的力量伴隨而至的是巨大的責任。

1 譯註：即眾志成城。

2 譯註：電影中文譯為《為企鵝小守護》（編：亦作《靈犬出任務》）。

3 幼狼大約八週大時會被重新導入成年狼群。狼公園自多年來的經驗中學到確保小狼不只與人類能交往，也必須能與牠們同類往來，這點非常重要。

4 譯註：即遺傳學無法完全控制行為。

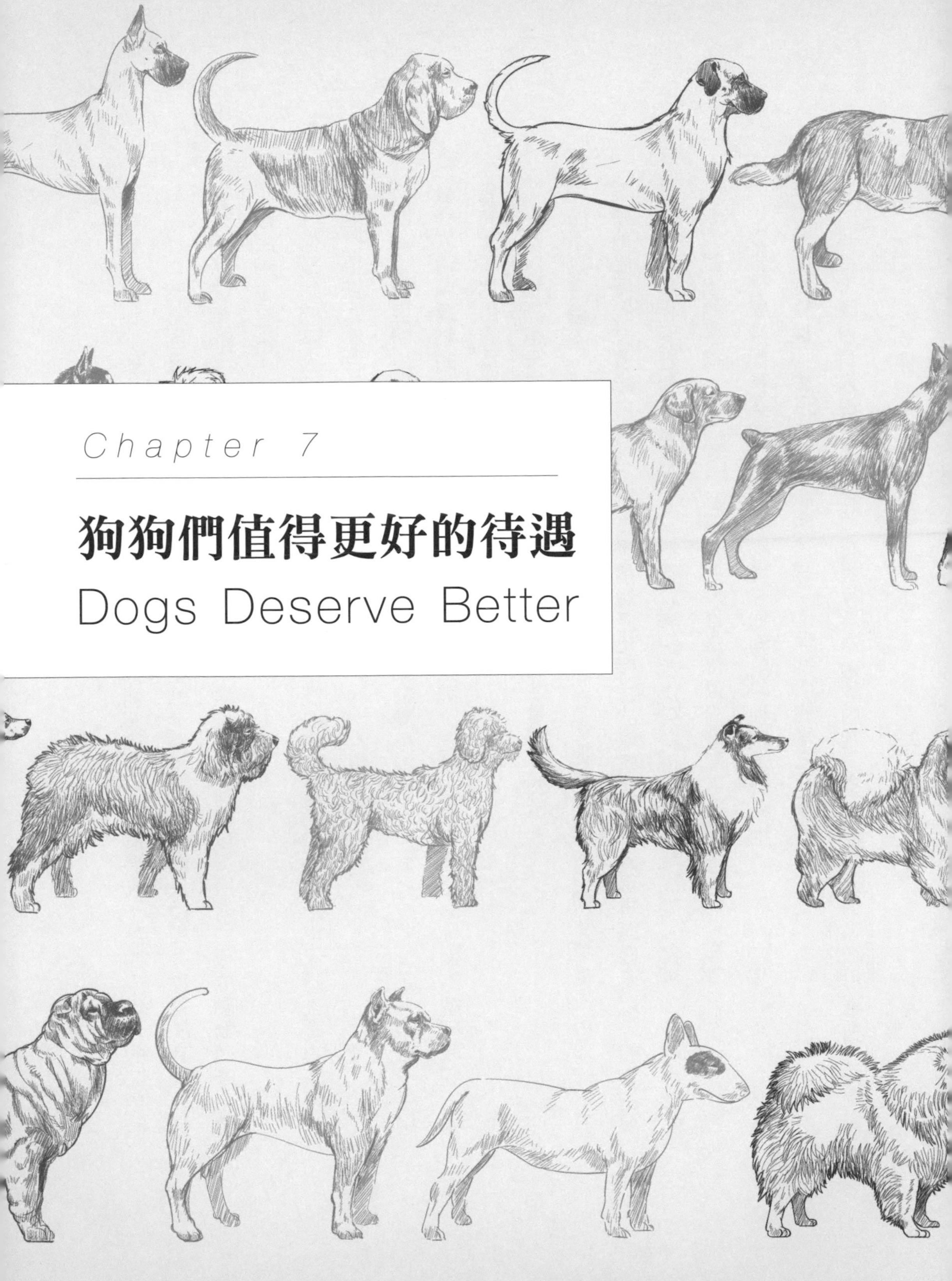

Chapter 7

狗狗們值得更好的待遇

Dogs Deserve Better

我們今日之所以能與我們的狗分享這美麗的情感連結，在於過去一萬四千年內的某個時刻，牠們的基因發生了一個微小的變化。這微小的突變讓狗從傾向只與相同物種的其他成員建立少數強烈的連結，警戒心強的野獸，躍身一變成為隨時可以與所有物種的動物們產生情感連結的小可愛。

但是狗的基因只會令牠們有可能去愛，而牠們成長的世界才是真正讓牠們去愛的誘因。從某種意義上來說，是我們自己將狗一隻隻地變成「人類最好的朋友」。

超過半世紀以來，科學家們已經意識到，動物其早期的生命過程，將決定牠未來一生中會尋求情感連結的生物對象是誰。狗之所以愛我們，正是因為在那生命早期的敏感時間中，我們就在牠們的身邊。

所以我們也應該成為牠們一生中的伴侶，這才是正確的事。

不只是個體，還包括整個物種，我們的狗向我們提出保證，牠們放棄祖先可怕的下顎與完美協調的狩獵能力。牠們拋棄了前輩們那緊密的家庭生活，去尋求與自己以外的生物連結。牠們中止漫遊和狩獵的生活，牠們以這些事物交換和人類成為夥伴。我們之間是一項從未放聲說出的盟約，然而雙方都很真誠，且這無聲的誓言對雙方都具有約束力。

以牠們深厚而長久的情感作為交換，狗狗信任我們會照顧牠們。我們這弱小又無毛，但非常聰明的猿猴，會以我們的聰明才智來確保牠們的幸福安康。

我從未聽過有人說他們的狗沒有履行承諾過的約定。狗在情感上的忠誠可謂是種傳奇。

然而很遺憾的是，我們並沒有始終堅持此一立場。

當然有許多狗獲得非常完善的照顧。但是有太多其他的狗——光是美國即有數百萬狗口——沒有得到應得的關懷。狗相信我們提供了牠們在心中默默祈求的生活方式，然而我們卻辜負牠們了。許多我們為狗準備生活方式的觀念都已經過時。不能反映最新的科學知識；許多我們廣為流傳的做法是全然野蠻的行為。

幸運的是，科學界對於我們應如何管理人犬的夥伴關係，及這關係的內在本質一清二楚。從肯定我們在狗的日常生活中長期不變的存在之重要性，到支持特定的訓練技術，甚至證明某些形式的身體接觸的好處，劃時代研究充斥著我們應根據狗天生有愛的理論改變自己行為的各種經驗。科學不僅揭露人犬關係的情感核心；它更包含一些具體的課程，以指導我們如何確保自己的狗的情緒健康，如果我們在乎，我們就會願意去為狗做點事。

我們必須找出改善之道。如果說踏上搜尋關於這不可思議的物種其內心與靈魂的旅程教會了我一件事，那就是我們不僅有責任去了解我們的狗其情感的需求，而且要以這些資訊來付諸行動。說穿了，我們能為我們的狗做得更多、更好。牠們愛意滿滿的本性背後，那豐富的科學與歷史已然清楚表明了牠們值得被善待。

🐾 🐾 🐾 🐾

我們未能妥善照顧我們的狗，通常肇因於我們對這些動物及其需求的認知錯誤。

如果你，像某些人很遺憾地仍然堅持著狗本質上仍然是狼，那麼你將會以小心翼翼的警惕態度對待你的寵物。你隨時都在為自己溫柔的獵犬將會變身為怪物的擔憂做好萬全的準備，因此當所謂的「專家」告訴你，應該以任何你能取得的力量自我捍衛，好讓這不可預期的野獸臣服於鐵腕下，這很輕易就能說服你。

另一方面，如果你接受我在此所提出的論點，即狗以擁有與其他物種的成員——特別是我們自己——形成強烈的情感連結的能力而與野生表親有所區別，那麼你將會想辦法尋求與犬類同伴相親相愛並且和平共處的生活方式。

當然，僅因為兩個個體之間能建立關愛關係，無法保證不會三不五時就有問題發生。當這些生活伴侶分別屬於不同物種時，即便有著最佳意圖也無法避免偶然的誤解，我們可以說，這是創造性的差異。

人犬關係中出現問題在所難免。但了解這些問題的方式取決在你自己，你回應這些問題的方式也取決於你。

「狗基本上是未改良的狼」這觀點鼓勵人們採取可怕的方法解決問題。這觀點允許狗主人為施加肢體力量來糾正自己與狗之間不平衡的權力關係提出辯解，並忽略對這些動物來說，愛才是強大動機的事實。這根本是誤會了狗狗真實本性的悲劇，並可能產生實際的後果。如果你採行這種思維模式，則很有可能最終會對你的狗造成身體或心理上的傷害。

遺憾的是，這種方法已經存在了一段很長的時間，而其影響已經被證明深具危險，且令人難以置信地頑強。關於與狗共同生活的書籍中，最為流行的其中之一是《如何成為你的狗最好的朋友》是由新精舍修士團（The Monks of New Skete）所撰寫，最初於一九七八年出版。他們認為狗是狼群的後代，牠們只能生活在成群的動物中才能理解生活。此外，成犬群是一個階級森嚴的社群，位階爭奪戰永遠都在表面下較勁進行著，偶爾會爆出大衝突。這些修士們在一九七八年時指出，人們與狗之間的種種問題源自於未能認知狗其社交生活的基本要點，而這些問題可透過對家庭中的犬隻成員主張「支配權」來加以解決。

或許修士們最為人詬病的建議就是他們稱之為「阿爾法=擒拿」（alpha roll）的紀律措施。在這個演練中，狗主人被建議模仿阿爾法狼對其從屬動物的懲罰戒律。具體來說，修士們指示主人們突然將狗的背轉過來，在緊抓住牠的喉嚨同時，用力責罵牠。

現在，在我們對修士們施以同樣苛刻的紀律手段前，我應該先提到我很欣賞他們對待人狗關係的整體態度。新精舍的修士不僅訓練狗，還強調注意其舒適度和滿足感的重要性。他們強調狗的社會天性，鼓勵主人們在實際可行的情況下儘量將狗納入生活中的各個層面，我對此建議表示衷心贊同（沒有像「為你的狗取得一件假性服務犬背心」這種怪點子）。他們在「提高人類對狗的同情心之關注」這方面值得稱讚，我希望有更多的人在這方面能遵循他們的建議。

值得一提的是，一九七八年時修士們所概述的一般性做法與當時可行的科學並無抵觸之處。當時關於狼群社會生活的研究還處於起步階段，而對於狗與狼群間心理差異的研究甚至還沒有開始。早期關於狼群內部的成員相互間行為的研究報告，幾乎都是將一群彼此沒有關係的狼關在一起作為研究與觀察基礎。而這些研究確實發現在專業人員所研究的狼群間，出現高度競爭性質的侵略現象。

儘管這項研究準確地描述了狼群在囚禁狀態中的行為，但總體上在反映個別狼隻間的關係，是極其不完整的。多虧了美國地質調查局（United States Geological Survey）的大衛・梅奇（David Mech）和明尼蘇達大學的後續研究，以及其他野外生物學家的幫助，我們現在才知道野外的狼群是單純由父母與子女組成的核心家庭。所謂的「阿爾法」公狼與母狼，通常是其他成員的父母。狼群的關係必然是階級制，但與人類家庭的關係差不多。狼群首領對狼群中的成員所表達出深情的關切遠比暴力多出很多，而自由生活的狼群則具低度攻擊性的特點。如果野外的狼群與其他成員長期處於緊張的狀態，通常其中一些狼就會打包離家。由於被圈養的狼無法做到這一點，因此牠們彼此間傾向於表現出更高度的侵略性。如果你與一個疏離的兄弟姐妹（或完全陌生的人）一起被關押在牢房中，你可能也會有類似的反應。

更重要的是，我們現在知道狼群和狗之間毫無疑問地密切相關，但牠們的社會運作結構卻非常不一樣。正如我將在本章稍後的篇幅內詳細地解釋的，狗和狼群有著全然不同的階級支配制度，這讓牠們以不同的方式與同一團體內的成員建立連結。而與和自己相同物種的成員（像是狗這案例或其他物種也是）之間這些不同的連結方式，讓依觀察狼群社會行為而推論出用以解決狗狗問題的有效方案，變得非常不可行。

而這一切在一九七〇年代，當修士們撰寫書中內容時，還不為人所知。值得讚許的是，在二〇〇二年出版的《如何成為你的狗狗最好的朋友》修訂版中，修士們強烈反對「阿爾法擒拿法」。「我們不再推薦這種技術，」他們強調說，「並且強烈地建議我們的客戶不要使用它。」人們鮮少有此信心以白紙黑字，坦白地否認過往他們所推廣的信念，所以修士們大刀闊斧地提出如此激進的改版，贏得我相當程度的肯定，值得給他們榮譽勳章，儘管本書中各位作者採匿名制，所以於二〇〇二年撰寫否定「阿爾法擒拿法」的修士與三十三年前首次推薦這方法的人，很有可能不是同一人。

唉，但也不是所有人都能與修士們並駕齊驅。其他備受矚目的訓犬師們仍然理直氣壯地散播某些技巧，雖然這些技巧在一九七〇年代後期被公認是最先進的技巧，但如今已然被廣泛認定是殘酷且站不住腳的。許多當今最好的訓犬師都有志一同地倡導不依靠武力手段，而改以專注於正向後果與溫和領導的方法。諸如維多利亞·史迪威（Victoria Stillwell）、凱倫·布萊爾（Karen Pryor）、馬蒂·貝克爾（Marty Becker）、肯·麥考特（Ken McCort）、珍·唐納生（Jean Donaldson）、齊拉格·派特爾（Chirag Patel）、肯·拉米雷斯（Ken Ramirez）等訓犬師與教師們，以及許許多多其他的人都隨著科學發展而接受新的知識與觀念，並且知道強迫、痛苦和懲罰並非與狗建立關係的正確基礎。

令人覺得遺憾的是，在仍然是我們的文化中的強力媒介——電視的國度裡，專業知識並不總是最為重視的價值。個人魅力與在銀幕中的展現顯然要重要得多；其他所有的內容都可以在後製中加以處理或修正。結果，狗主人們就這樣獲得了某些極其違背狗的天性或不道德的建議。

有些由電視上的訓犬師們所倡導的指導方針毫無根據，只能說很愚蠢，例如確認你一定要比你的狗先吃東西，或者確定你當著牠的面前走過大門口。但是其他指導方針可沒有那麼無害。我們看到動物們被強制配戴「滑索」（基本上是繩套）、被踢、被「浸沒」（承受牠們無法逃避的極高壓力刺激），並以許多其他不人道的方式對待。

當然，這些殘酷的方法允許訓犬師及狗主人們得以迅速讓行為有過失的動物們屈服——但付出的代價呢？這些強制性的方法其後果不會在電視上呈現。被錄下的那些不當處置證據，要不是被剪掉，成為廢棄不用的片花留置在剪輯室內，就是在攝製小組離開後才顯現出來。一隻狗的行為問題將變得比以往任何時候還要嚴重，因為牠變得長期焦慮與恐懼人類。

提倡採取這些非人道措施的訓犬師們，以讓人類成為狗狗們的「狗黨首領」極其重要，作為辯解的基礎。人們被告知，他們的犬隻伴侶生來是野獸，是被其基因編碼為永遠都在爭取「首領犬」位置的野獸，人類須採取一切必要的措施，來改變狗的想法，讓牠們相信無論如何牠們都無法超越人類。這導致了圍繞著「支配地位」概念的龐大困惑，並且帶來了不小的連帶傷害，因此我們有必要在此稍作停留，好好思考當我們在談論狗時，「支配地位」會引發及不會引發的事物。

在動物行為中，支配地位只是意指某些個體通常會優先獲取受限資源的社會狀態。這可能意味著，當可用食物的數量有限時，特定的動物可以首先食用。或者，當雌性發情時，某些雄性可優先與她交配（或者成為唯一與她交配的雄性）。又或者，當天氣惡劣時，某些個體得以先獲得庇護。從科學角度思考狗之前，我已經向大批學生們教授過動物行為的基本原理。結果我知道了關於支配地位的一些事情（我指的是與動物有關的部分）。但當我開始與對於狗和狗訓練感興趣的人們交談，聽到他們談論這個概念時，我感到非常困惑。受到在電視上見到的內容啟發，我所遇到的許多人在談到支配時，他們的說法暗示著世界統治，甚至是愉虐戀場景中的女調教師。以我對支配的科學理解來說，這完全不合乎學理。

一方面，並非所有動物都會在關係中有支配的經驗。如果我們將討論範圍僅限於食肉目動物，即狼群和狗，及其他許多的掠奪性動物所屬的範疇，那麼事情就會變得比較簡單些。食肉目的某些成員顯示出支配地位，而其他成員則沒有。例如豹與老虎，就不是有社交性的動物，所以支配地位對牠們來說沒有意義。即使某些具社交性的動物，例如獅子，儘管牠們有時很兇猛，也沒有展現支配地位。顯然，兇暴與支配是完全不同的概念。

無論如何，大多數的食肉動物都具社交性，且大多數在牠們的社會結構中會顯示出一定程度的支配地位。但啄序（pecking order）的特色與階段末端的發展則因物種而異。像鬣狗就是一個展現生物學家稱之為「線性支配」（linear dominance）的例子。排名第一的鬣狗優先於第二名的鬣狗；第二名的鬣狗對第三名的鬣狗有支配地位，依此類推，直到最後一名的鬣狗——這是隻很可憐的生物，只能取得任何有限資源中的最少量。

食肉動物中的其他一些物種，其中包括狼，展現出行為生物學家將其標籤為「獨裁支配」（despotic dominance）的行為。在這種形式的社會組織中，一個個體（或一對個體）做出所有決策，而其他人則跟著湊熱鬧。例如在狼群中，「阿爾法」公狼與母狼會下決定——記著，牠們只是父母。牠們的幼狼與其他成員就會跟隨。

如果你很想知道這些不同支配形式的感覺，其實你可能都已經體會過。在人類組織裡可以觀察到不同類型的支配地位是如何加以執行的，無論是獨裁支配（老闆告訴辦公室裡的每個人做些什麼）或線性支配（老闆下達指令給位階於他之後的第二名主管，依此類推）。有些人類社群沒有明確的支配模式：例如一群有著共同喜好而一起行為的朋友等等。我們人類當然是非常有彈性而靈活的社交生物。

同時，我們可以看到狼群與人類家庭並無太大的不同。就我所知，人類社會中的多數父母會支配年幼的子女，因為這些成年人負責大部分重大的決策，例如吃什麼、何時吃、住哪裡等。但這並不意味著父母會永遠以武力手段迫使孩子們屈服，至少不應如此。

> 我們要意識到的關鍵事實是：支配無須是強迫，誠如揭開野狼社交生活帷幕的科學家
>
> ——大維·梅奇所觀察到的。

狗的社會結構不如人類的來得有彈性。事實上，狗在這方面的死板可能會讓你非常驚訝。當我第一次讀到關於狗與支配地位的研究時，這確實令我震驚不已。相較於我們，狗不僅更傾向於社會階級組織，並具有清楚、明確的支配關係，還比牠們那些在理論上對支配更

為固執的狼群祖先們，更有階級意識。

奧地利狼科學中心的研究人員對於狗之間的支配程度進行研究。你可能還記得，這所研究機構的工作人員在戶外環境下，分別飼養狼群與狗群，而兩者的飼養條件幾乎一模一樣。在標準化測試中，當一群個體面對資源，例如食物，而這些資源無法共享時，研究人員發現狗實際上比狼群有更為階級性的組織結構。

在一個無懈可擊的簡單實驗中，弗雷德里克·蘭傑（Friederike Range）與她在狼科學中心的同事們，為成對的狼群或狗提供了一堆食物。蘭傑的研究團隊為每對動物們提供了大小不同的食物堆。食物是適量的，這是如果兩隻狼或狗有意願一起吃，牠們剛好可共享的分量，但若是居於支配地位的動物想要獨享，這也是剛剛好的量。蘭傑與她的合作者們也以一根大骨頭進行完全相同的實驗，同樣地，它必須夠大到讓兩隻動物一起咬，但也剛好夠讓其中一隻動物出於意願而咬著它跑開，並為此捍衛它。蘭傑與她的團隊隨後觀察發生過程——到底是一隻動物把另一隻動物推開，還是兩隻狼或狗和平無事地共享食物？

實驗中的狼群傾向於共享食物。在研究小組所測試的所有狼之中，只有不到十分之一的狼奪走食物，並阻止另一隻狼吃任何東西。

但這實驗中的狗卻呈現全然不同的結果，測試中有四分之三居於支配地位的狗，會阻止夥伴吃任何食物。問題不在於狗比狼群更具攻擊性——牠們彼此咆哮與嘟囔的程度不相上下。但是，當支配犬對附屬犬表達不滿時，附屬的動物會立即撤退並放棄嘗試進食。在狼群中，兩隻動物間的抱怨聲會來回不斷，卻不會促使牠們停止吃東西。相較於狼群，狗似乎對其他狗的支配地位要敏感得多。

許多其他的研究指出，狗比狼群有更高度的社會階級與對重要資源展現支配或壟斷的傾向（更為敏感）。如果這似乎很矛盾，那僅是因為我們經常將支配與兇猛混為一談。狼群是兇猛的：牠們是體型大，很有力量，兇猛的食肉動物。成為被狼襲擊的受害者將會是生命中一次真正恐怖的經驗，極有可能會是一個人於一生中最後的一次經驗。當然，狗沒有那麼兇猛：牠們體型較小，相對較弱小而且通常不會那麼兇猛。這並不是說我會展開雙手歡迎狗的攻擊；但簡單來說，一個物種的兇猛程度與其支配地位無關。

狼群與狗對於支配地位的敏感性不同，來自於牠們以不同的生活方式過生活。當我們考慮狼群與狗各自是如何生活時，犬隻的階級支配地位是全然合理的結果。狼群以獵捕活獵物維生，獵物往往比牠們大，而且絕對會避免成為狼群的晚餐。單匹狼通常無法擊倒一頭野牛、鹿或其他任何狼群視為主食的大型獵物。所以狼依靠與狼群裡其他的成員通力合作來達成獵殺。一旦行動完成，死去的野獸倒地，可享用的肉量會遠超過一匹狼可能會吃的量。狼群裡其餘的成員便是具支配地位的狼的家庭，成功狩獵要取決於牠們。因此，分享獵物對那頭狼是沒有任何損失，反而獲得更多。

簡言之，狼生活在團體合作的狼群中，牠們的成員依靠彼此以求生存。大量研究顯示，儘管牠們的社會結構採取階級制，但牠們仍能夠進行相當高度的合作。

過著流浪生活的狗則擁有全然不相同的生活方式。幾年前當我訪問巴哈馬的首都拿騷（Nassau）時，我親眼目睹了這一點。這裡一定是全球中，靜靜地觀察自由放養的街狗最佳場所之一，而且可能還是條件最好的地點。這裡的天氣非常利於戶外生活，當我到達時旋即發現，當地文化也異常地通融這些流浪狗。

在巴哈馬人道協會（Bahamas Humane Society）一名執法人員的引導下，我花了一下午探索拿騷的後街區，我看到了一些自由放養的狗與牠們的人類和平共處，這令人難以置信。狗神采奕奕地漫步路上，完全不在意四周動態，因為司機們在牠們的周圍小心翼翼地開車，並以極度慢速行進以避免撞到牠們。

人們也以其他方式幫助拿騷的狗狗們。在遊客們通常看不到的拿騷其另一面——那些破落街區的垃圾回收規定，讓許多街道口堆放了大量垃圾，為狗留下了許多令人渴望的好東西。我看到一隻患有獸疥癬的橙棕色小狗在一個垃圾場裡盡力搜尋，垃圾堆就堆積在馬路轉彎處。牠將口鼻用力塞進一個被丟棄的肯德基盒子內。這隻狗當然不需要任何外力協助就能將食物取出，所以牠沒有動力去分享自己的發現，可以合理、大方地將其占為己有。牠甚至對著我咆哮以確保我明白這盒子屬於牠。

由於巴哈馬的特殊條件，那裡的狗過著與美國堂兄弟們截然不同的生活。但至少在一定程度上，牠們是相同的：身為以拾荒為主要生活方式的動物，自由放養的狗沒有理由互相合作以尋找食物及進食，牠們有充分理由獨占自己所發現的食物。在某種程度上，讓這隻巴哈馬的橙色街狗對我齜牙示威的同一種演化驅動力，也促使狗在整體上對階級意識比狼群還要更加敏感。

狗在彼此的關係中所表現出的極端支配地位，及他們在社交場合對於階級制度的高度敏感性，對牠們與我們一起生活時產生了深遠的影響。一方面，不管你是以能抽緊的狗項圈或「阿爾法擒拿法」殘酷對待你的狗，還是像對待自己的孩子一般溫柔，你的狗都知道你才是老闆。你是那個會讓食物神奇出現的人——食物被鎖在櫥櫃內的罐子裡、冰箱裡的袋子中，還有許多其他的容器內，我們只需用單手拇指就能輕鬆打開，但這些容器卻神祕地拒大多數狗於千里之外。你是決定你的狗何時離開家，你們兩個要走哪條路的人。你甚至可以決定何時何地適合你的狗大小便、誰能與你的狗發生性關係，甚至於牠能否有性生活。

由於這些原因及更多其他的因素，你的狗很清楚在你們的關係裡你才是那個領導者。

你可能沒有意識到，控制你的狗的吃飯時間與吃的食物時，你正在對你的狗行使支配地位，但所有可取得的研究都指出你的狗非常敏銳地察覺到這件事。狗了解控制資源的人一定是老闆。正如我所主張的，你可以採取食物與零嘴、響片與溫和的鼓勵方式引導你的狗與你一起走，而非（但願不要如此）狼牙圈或其他刑具。但無論你採取積極的方法或懲罰性手段，這些技術都達到同樣目標——讓你的狗依照你所希望的方式與你同行，若你達成這目標，那麼就是對你的動物主張了支配地位。坦白說，如果你的狗要生活在人類社會中，你就必須對牠行使支配地位。狗沒有在你的家庭裡進行決策的心理準備。

你，只有你，可以決定採取何種支配形式。要成為這段關係中的資深夥伴，你不必驚嚇你的狗，以能抽緊的狗項圈猛拉牠，也不必踢牠柔軟的腹部。你的支配地位在於你對資源的控制，你可以不用野蠻主義，而是透過展現惻隱之心的領導來表達它。正如任何父母所知道的，愛與支配並非不相容。狗懂得這兩者，牠們值得基於慈悲而非攻擊的領導。

🐾🐾🐾🐾

正如同狗狗所了解，甚至期望人類的支配地位，牠們也渴望社會接觸。實質上在牠們的基因裡，牠們需要與其他的生物建立關係；牠們需要玩友善的遊戲；牠們需要接近關愛牠們的人類。

狗對於與所愛的人類之間的親密程度，會因個體而不同。例如我的賽弗絲渴望觸摸，但只有觸摸——當我在辦公桌、床上或者在沙發上時，賽弗絲依偎在我身邊，觸摸我的腳。她真的很討厭被高高舉起與擁抱，並且對於當她在地上時給她來個全身大熊抱這件事，表現出模稜兩可的態度，這似乎取決於她當時的心情。有些狗喜歡被從地上抱起並且被緊抱在心愛的人類懷裡；其他狗則不會尋求持續不斷的接觸，而且在悠然自處時最為開心。

關於狗到底喜歡被如何觸摸在坊間有一些爭論。加拿大作家史丹利．科倫（Stanley Coren）指出，狗其實不喜歡被擁抱。他在一篇部落格文章中，描述一項他對人們在網路上發布被人類擁抱的狗照片所進行的分析。根據科倫的說法，在他所發現的二百五十張照片中，有二百〇四張照片中的狗看來壓力很大。他建議讀者們「把你的擁抱留給兩隻腳的家庭成員與戀人就好。」

我覺得科倫有些誇大其辭，儘管他指出了一個很好的觀點：人們應該注意狗對肢體接觸的反應，而非簡單地假設牠們也會喜歡那些讓我們感覺良好的事物。在考慮多少肢體接觸即已足夠（或太多）時，關鍵在於注意你的狗如何回應。古老格言「青菜蘿蔔，各有所好」為了解狗與人類提供了很好的想法。

可以肯定的是：儘管每隻狗都是一個個體，有自己的個性，我們必須學會了解與尊重，而所有狗都渴望有溫暖而關愛的關係。我們理當滿足牠們這合理的要求。

我們經常在這方面讓狗失望了。你可以對於具高度社交性的生物所做最殘酷的事，就是整天將牠關起來，讓牠無法與任何人互動。然而這已然成為第一世界國家的犬隻規範。我們愛我們的狗，因為牠們的溫暖天性，但我們在早上七點三十分向牠們道別，如果牠們夠幸運，我們會在十到十一個小時後再與牠們相會。有時人們會在下班後衝回家裡，讓他們的狗迅速解決上洗手間的問題，然後再把牠鎖起來，這樣他們就能與人類朋友共享美好的社交時光。對一隻狗來說，這是什麼樣的生活？獨處十個小時，僅十分鐘的社交互動，然後再獨處四到五個小時後人類就會帶著累癱的身體回家並迅速入睡。

在瑞典，法律要求狗至少每四到五小時要進行一次常態性的社交活動。我認為這是個極好的原則。如果你白天無法為了你的狗回家，那麼你應該為你的狗尋找其他社交的接觸方式，或者你不應該養狗。

當然除了牠們的主人，狗還能從其他的家庭成員那裡獲得社會效益。一隻妥善飼養的小狗會歡迎與自己相同物種生物的陪伴，甚至會與貓和其他動物在一起而獲得滿足感，特別是如果所討論的狗在生命早期的關鍵時期即與這些生物接觸，在那段時期可以學會哪些野獸可以為友。的確，各式各樣的生物都可以成為狗的社會夥伴，並減輕狗的孤獨感。

除了帶另一隻寵物回家之外，當然還有許多方法可以解決狗的孤獨感。至少在一天中部分的時間內選擇與你的狗一起待在家，這就是我所要做的，但我知道我很幸運在職業生涯中擁有如此彈性的時間。另一方面，帶你的狗去上班正成為當今愈來愈多人的選擇；對狗友善的辦公室在美國是一種受歡迎的趨勢。由於大多數狗很快就能結交朋友，因此你也可以僱用專人——或者說服行程表沒有那麼瘋狂的朋友——每天短暫地出現與你的狗聊聊天。也許他們可以一起喝咖啡或共進午餐。正當營運的小狗狗日托中心是另一種極佳選擇，許多有責任感的狗主人都會使用這機制。

無論如何，狗敞開而充滿愛心的個性與對得到關注的需要，就與任何生理需求一樣重要。大多數人不會認為不餵狗或不讓牠們大小便是可以逍遙法外的，但讓狗長時間獨處可能是我們對牠們最殘酷的例行日常。這有其真實後果，對我們與牠們都是。

大多的狗無法成功應付牠們壓抑的孤獨感，因而採取各種不同的方法，從吠叫到啃咬家具，屋內的不當穢污，還有許多其他的孤獨症狀。我們將這些焦慮煩亂的跡象標籤為「分離焦慮症」，並以藥物或行為干預進行治療。它們已經成為獸醫與動物行為專家的報告中，最為常見的行為問題，每五隻狗中就有一隻受到影響。

當我在拿騷時，我拜訪了巴哈馬學院的社會科學家威廉·菲爾汀（William Fielding）。菲爾汀針對在拿騷街頭漫遊的狗，分別對巴哈馬當地人及搭乘遊輪參觀這美麗群島的遊客們，進行完全相同的問卷調查。這些觀光客中大多數來自美國。問卷調查詢問一個人在白天出門上班時，對他們的狗做過最友善與最殘酷的事情。美國人回答說，當人類不在時，狗必須安全地待在家裡。另一方面，當地的巴哈馬人則較可能回應表示，如果沒有人陪伴牠，狗應該允許離開屋子出去透氣。

我認為這問題沒有單一的正確答案。來自美國的受訪者當然有他們正確的理由——讓你的狗在無人看顧的情況下徘徊街頭會招致災難。一條狗可能會被車輛輾過、被攻擊（我看過三個小學生在我們出聲喝阻前，他們正打算踢一條在街上的狗）、自另一隻狗身上感染疾病，或成為許多其他不幸事件的受害者。

但巴哈馬人的觀點也很好，因為狗是社會性生物，所以將牠們獨自關在房子裡一整天無疑地很殘酷。狗應該有更好的機會來實現牠的社會性天命，而我們絕對有足夠的能力來滿足這需求。

我很同情那些住在沒有被給予牠們所渴望的關愛的狗，但是收容所內狗狗的處境讓我非常難過，我幾乎無法執筆寫出牠們的困境。

收容所是我們與狗生活中的陰暗面。我們都說我們愛狗，但在美國，每晚約有五百萬隻狗睡在鐵條牢籠後的水泥地板上。儘管近幾十年來情況持續改善中，但收容所內每年仍容納了約四百萬隻狗。這些狗之中有近四分之三會被收養或歸還主人，但這仍留下約一百萬隻狗，這些狗不是被安樂死，就是長期留在收容所系統中。這兩者都不是解決無家可歸的浪浪們其問題的好方案。

美國大多數收容所皆以「僅為提供自人類家庭中走失的狗狗們短暫喘息」為目的而建。雷克斯（Rex）可能在收容所內待上數天或至數週時間，以等待主人認領回去或被新家庭收養。倘若這兩者都沒有發生，牠通常會被安樂死。無論如何，狗不會在收容所裡待太久。

在許多方面，美國的收容所系統已經有極大改善。相較於過去時日，今日有愈來愈多的狗活著離開收容所。但隨著收容所設法減少所內狗狗被殺戮的數量，牠們居留在收容所的時間也相對如癌細胞般擴散、轉移。

由於約二十年前所推動的一項杜絕收容所對健康的狗施以安樂死的請願運動，愈來愈多的收容所採取不對健康的狗施行安樂死的立場。零殺戮運動背後的意圖無疑是高尚的，但立意良善並不能防止意外後果發生。我願意給予這運動榮譽並尊重它對於犬隻健康的承諾，但我擔心的是將狗長期留置在這些僅為臨時性目的而設計的收容所內，在某些情況下，狗會在此度過餘生。

我也希望不要殺死健康的狗，但我也知道只是一股腦地把數百萬隻狗鎖起來並扔掉鑰匙，安樂死無疑是另一種令人無法接受的替代方案。當收容所決定除非患有絕症，否則不再對動物進行安樂死時，其籠內將會逐漸充滿無法找到家的狗。人們不願收養某些狗有很多可能的原因，即使我們認為其中一些可能是膚淺而令人覺得遺憾的，例如某些流行的狗毛顏色與身型，但這不能改變我們無法強迫人們，在沒有意願的情況下收養狗的事實。由於狗在收容所的狗窩內行為不會有任何改善，因此隨時間過去，在零安樂死收容所中的狗對潛在收養者的吸引力也變得愈來愈小。這些收容所實際上根本就是犬隻倉庫。

一些國家已經通過立法，禁止收容所將健康的狗安樂死，但遺憾的是這樣立法還是不夠的。我曾試圖參訪義大利的一處公共收容所，義大利是實行這種政策的國家之一，但我被謝絕進入。收容所甚至不允許有專業背景的訪客目睹他們如何安置狗，這一事實足以說明裡面的情況一定很令人絕望。

我得以參觀這公共收容所附近的一處私人收容所，而我不得不說箇中情況是我在任何地方所見過最為悲慘的一個。我在這裡不願透露名稱等資訊，因為我知道經營這收容所的人們，在最大的困難情況下真誠地、盡力地提供一個充滿愛心的環境。但當看著這些被長期居留，卻得不到足夠資源來照料的狗狗，對我們來說，就像無痛安樂死一樣可悲。

但來自義大利的消息並不全然都是壞消息。最近那裡的研究顯示，有一種方法可使狗較可忍受在收容所內的長期生活。鑑於我們目前所知關於狗的關愛天性的知識，這解決方案涉及人類存在也就不足為奇了。

由西蒙娜・卡法扎（Simona Cafazza）所主持，來自義大利幾所大學中的一群科學家們對義大利拉齊奧（Lazio）於收容所中生活的近百隻狗進行福利調查。他們發現唯一能有效地提高狗狗們福利的措施就是每天與人類散步。儘管該研究並未證實是否因為散步的運動因素或有人類相伴，導致顯著的改善成果，卡法扎與她的同事們確實將每天與人們一起散步的狗，和被允許可獨自進行大量跑步運動的狗進行比較，只有與人類一同散步的狗，才顯示出福利上的好處。

總體而言，卡法扎與她的同事們對於該國立法禁止安樂死的價值持懷疑態度。它未能有效控制被自由放養的狗的數量，卻導致大量的狗在無法適當滿足其需求的收容所內度過一生。研究人員指出，在他們所研究的區域內，有一萬一千隻狗住在收容所中；這其中大多數的狗一生都在收容所的狗窩裡度過。卡法扎和她的同事們總結說：「鑑於在義大利，我們決定對狗實行終生監禁比無痛安樂死要來得好些，這是我們的道德義務以確保牠們享有適當的福利。但從科學文獻中可以明顯看出這並非如此。」

不同國家與國家內部的不同地區，其收容所內的狗所面臨的挑戰都不一樣。在美國，我們遇到形形色色的挑戰與問題，還有世界上任何地方都望塵莫及的，最美好的收容所設施。我曾參觀過一些收容所，它們有可愛、明亮的房間，牆壁上塗著令人心情好的油漆色彩，有自然採光、柔和的背景音樂與迷人的工作人員；只有餐飲讓我放棄搬進來定居的想法。而我也見過噩夢般的收容所，永無止盡的吠叫聲和狗拉肚子的惡臭加劇了許多狗狗傷心和罹患疾病的可憐景象，著實慘不忍睹。

在美國的收容所中，一隻狗的命運取決於許多因素。東北地區的收容所對狗進行安樂死的數量減少，因為它們實際上缺乏大量的犬科顧客；寵物們在該國這四分之一領土內接受了廣泛的絕育手術，導致無家可歸的浪浪數量大為減少。另一方面，東南地區的收容所與西部的許多收容所一樣，仍然有大量狗狗的數量。

最好的收容所為等待新家的狗以平和的方式提供一個中繼站。這些設施並配置有專業的工作人員，可以教導他們的四腳訪客們有助於被領養的行為，以及與人類同居的有用生活技能。這些往往是規模較小的精緻收容所，通常由富裕的私人捐助者所支持。在各式各樣等級不同的收容所光譜的另一端，仍然有許多收容所在為期十四天的安置期後，將大多數的動物處以安樂死。這些運作單位通常是由碰巧遇到這些可憐動物的地方政府來負責經營。有時候，這些多元形式的收容所可能就彼此隔街相望。

我不會在這裡誹謗中傷別人。我全然認知到，地方政府在有限資源中要達成許多需要。我知道動物保育和控制的優先程度不能超過資助學校、老人中心，或是其他的公民義務。

不過我的確相信，狗在被帶入的多數收容所內值得更好的對待。即便是營運資金短絀的收容所也可以更好地回報狗對人類的愛，並協助牠們更好地表達對於我們的愛意。這樣一來，收容所可以幫助狗更迅速地被收養，而不必花費更多的時間找下一個家。這對於狗有好處，對收容所也有好處。我的學生和我一直在試圖協助收容所實現這一遠大目標。

當她在我的指導下攻讀博士學位時，現為德州理工大學教授的莎夏・普拉托帕拉娃（Sasha Protopopova）開始一系列的研究，她在我撰寫本文時仍持續進行這系列研究。莎夏為自己設定的目標，是尋找方法能改善收容所內狗狗的行為，使牠們更易於被收養。她的目的是在不給收容所的工作人員帶來任何額外負擔的情況下，或者，如果不可能的話，那至少可以在無需任何其他具動物訓練的專業人員條件下，幫助這些狗狗。

首先，莎夏度過了一個漫長暑假，在當地政府所管理的北佛羅里達一個收容所中，指導大學生志工們參加一項田野調查專案。大學生們在每個狗籠前站立六十秒，並且以錄影相機記錄每隻狗的行為。時間限制的設計是有其意義的：在決定是否要更深入了解牠，還是繼續前往下一個狗窩去找尋要領養的狗之前，大多數人不會花超過一分鐘看狗。莎夏最後得到了數千支錄像短片，捕捉了數百隻狗狗在這種常見收養情況下的行為。

下一步是仔細檢視這些影片中的每一刻，準確地指出每隻狗的行為。牠搖尾巴了嗎？牠吠叫了嗎？牠大便了嗎？這份可能性的行為列表涉及一百多種個別的行為。

最後莎夏記錄了為數龐大，每隻狗對短暫看著牠們的陌生人的反應。狗能分辨得出來，任何這樣的人都可能是潛在的收養者。這儼然是我們取得了讓這些狗進駐新的人類家庭的「電梯簡報」[2]（elevator pitches）的龐大綱要。

莎夏將這些狗廣泛且密集的行為記錄與牠們的收容所記錄進行比較。有些狗很快就被領養，而另一些則停留了很長的時間。藉由對照行為分析與在收容所內停留的時間，她得以找出能讓狗迅速離開收容所狗窩的事以及那些容易讓牠們孤伶伶地等待新的人類家庭的行為。

她的第一個發現並不意外，因為它顯然是常識，並且在其他研究中已屢次被觀察到：如果你很可愛，那麼你的舉止一點都不重要。外觀上吸引人的狗，例如幼犬與玩具犬品種，可以隨心所欲地做任何事，但仍然能迅速進入人類家中。

但對於我們其他人——對不起，我是說對於其他的狗——行為確實對牠們的命運來說確實非常關鍵。事實證明，潛在收養者的一個主要障礙，在於狗無精打采，沒有生氣的模樣，斜靠著或摩蹭狗窩的任何部分，確實都會令狗的收養機會相形惡化。過度活潑也不好；人們顯然不想收養那些坐不住，在狗窩裡來回走動或上下跳躍的狗狗們。收養機率最高的狗會來到狗窩前，看上去對牠們的訪客很感興趣，表現一種機敏但絕不過度活潑的態度。

在理想世界中，收容所將能聘請專業訓犬師來消除不良行為，從而使任何展現出這些舉止的狗都能獲得矯正，並迅速找到新家。但莎夏認知到至少在美國，大多數收容所根本沒有資源來培訓工作人員成為行為專家，也缺乏僱用這些專業人士的資源。

作為權宜之計，莎夏與我考慮了可以在不需要任何專門知識的情況下，將狗狗行為往正確方向推動矯正的技術。我們最後選擇了數十年前那位偉大的俄羅斯生理學家及動物心理學創始人伊凡·佩卓維奇·巴夫洛夫所開創的道路。莎夏出生於俄羅斯，所以我想將這種解決方案的靈感至少歸因於她在該國的早期生活。然而她八歲即離開俄羅斯，因此，除非他們在當地小學教授比西方小學更多的動物心理學，否則這推測可能並不完全準確。

無論如何，我們的部分靈感來自巴夫洛夫的實驗演示，即動物可以察覺到即將發生之重要事件的信號。在他今日相當具傳奇性的實驗中，鈴鐺（或者說，蜂鳴器）警示狗食即將到來；而牠以流口水來回應。與其他更現代的動物訓練形式相比，這種制約訓練有種優勢：你無需特別注意這些動物。顯然巴夫洛夫和他的學生們對他們的狗的行為很感興趣，但為了執行他們的實驗程序，這些研究人員實際上並不需要盯著狗看。

你可以輕鬆地讓你的狗在按鈴時，期待食物到來，而無須看著牠。只需要按鈴，給予食物，動物便會處理自己的行為。當然，如果你想知道牠的行為如何變化，你就必須睜大眼睛仔細觀察，但不似以獎勵為基礎的標準動物訓練——在這種訓練中，訓練員要仔細觀察，然後儘快對做出適當行為一事提供獎勵。巴夫洛夫式程序相當好管理。按鈴：給食物。只要定期執行這項操作，魔法就會發生作用。

進行輕鬆的巴夫洛夫式制約訓練所要付出的代價是，你實際上對於行為會如何變化毫無控制權。這在我們的研究中是一項挑戰，因為我們確切知道我們想看到的行為改變。我們希望狗不要再倚靠在牆上，停止在狗窩裡亂跑和跳躍，並開始對訪客展現禮貌性的關注。

如果你將這項請求交付給專業的動物行為學家，她將發起一項培訓計劃，其中涉及仔細觀察，並在適當行為發生時，即時給予獎勵。雖然我們知道大多數收容所無法負擔這類培訓，但我們想看看我們簡便的巴夫洛夫式替代方案如何能對抗現實困境，因此我們構想了一項研究以評估這兩種方法。

我們的研究評估了一群以獎勵來訓練的狗狗們，訓練方式為最佳的專業人員所採行的方式，以及我們應用巴夫洛夫的技巧所訓練的一群狗狗。為了訓練巴夫洛夫小組的狗狗，莎夏與她的助手們在收容所內來回走動，敲響鈴鐺後便丟下食物。後來當一名陌生人走到每隻狗的狗窩時，我們將接受獎勵訓練小組的反應與巴夫洛夫小組（還有一個對照組，牠們會聽到鈴聲，但沒有經歷其他行為或事物）的反應加以比較。我們發現獎勵訓練小組和巴夫洛夫小組均對訪客的反應展現大幅改進。看起來受過獎勵訓練的小組比巴夫洛夫小組略有優勢，但差異很小。經過獎勵訓練的小組其行為獲得改善，是因為我們實際上利用食物「支付」狗狗來改善行為。至於為何巴夫洛夫小組的行為有所改進的原因則較為神祕。可能是對於即將到來的食物之期望，導致狗狗產生更多我們所知道那些領養者會喜歡的友善而專注的行為。最終我們無需在意巴夫洛夫小組中的狗的行為獲得改善的原因，最重要的是它確實發揮作用，達成實質改善。這項測試的關鍵意義在於，與僅僅聽鈴聲的對照組相比，兩組實驗組的行為都大幅改善。

在這裡，我們已經得到當初著手尋找的事實：無論是否具備訓練動物的專長，任何願意這樣做的人皆可輕易上手，將其應用到大量的狗身上。除了會有絆倒的危險之外，任何人都可以閉著眼睛來採行巴夫洛夫式程序：按鈴並將一些食物倒入狗窩內。唯一使該程序顯得麻煩、累贅的是我強加了鈴聲，而這做法誠然相當孩子氣。似乎，我的幽默感讓我給一個在俄羅斯出生的學生使用巴夫洛夫式制約訓練，以鈴鐺為條件刺激，對狗狗進行實驗。傳奇性的鈴聲源於對原始俄語誤譯的事實，並未減弱我的熱情。

我們的後續研究指出鈴聲是全然不必要的：一個人類的存在即可成為刺激條件。這意味著收容所只需偶爾讓人們走到狗窩周圍，扔進食物即可。這些人甚至不必是收容所的工作人員；他們可以是尋找一隻新狗狗的訪客。這技術在某種程度上將能改善狗的行為，並讓牠們有更高的領養機率。只給狗零食是改善其行為的好方法，並且可以幫助牠們找到新家。這個無須在收容所缺乏資源的人事編制外再付出額外人事與設備成本的方法，可以有效抑制每日將狗關在狗窩中超過二十三個小時後，會出現的問題行為。它也有助於狗表達牠們對於人類的感受。那打開了牠們向人類投射關愛的渴望天性，從而協助牠們在新的人類家庭中找到一席之地。

🐾 🐾 🐾 🐾

我為莎夏在我們共事時所做的研究感到驕傲，這指出在收容所中即使不具真正專業知識的有利措施也能提高狗的收養機會。一名較近期的研究合作者，麗莎·岡特（過去是我的博士生，現為我在亞利桑那州立大學同事）實際上已找出增加收養率，同時又能減少收容所工作量的方法。以簡單變更收容所內狗的識別方式，我們可以確保更多狗施展其關愛天性，以取得在人類家庭中的永久居留權，一如牠們的遠古祖先們。

麗莎在開始與我合作前，她在美國不同地區的收容所已有多年經驗。她很震驚於有許多前來收容所找尋一隻狗後將牠帶回家的人們，事實上並未對狗本身有太多注意力。許多人有既定想法，他們想要某種品種的狗；結果他們對那些沒有在狗窩上標示出自己心中所想的品種標籤的狗狗們視而不見。

麗莎感到奇怪的原因有幾個。一方面是收容所中大多數的狗都是雜種犬——血統混合的動物，貼在狗窩上的品種標籤不過是猜測而已。在麗莎與我共同進行的研究中，我們發現這些猜測中約有九成是錯誤的。人們普遍認為，收容所內大約有四分之一的狗是純種，其餘為兩種犬種的混血產物，我們發現二十隻狗中只有一隻純種狗，其餘的狗狗們則包含平均三個犬種的脫氧核醣核酸（DNA）標誌，有時更可高達五個犬種。採用無痛口腔拭子獲取狗的脫氧核醣核酸（DNA），並對這些樣本進行基本基因測試，我們發現犬隻品種標籤甚至比我們先前所想像的還像是猜啞謎遊戲。

為了對收容所的工作人員公平起見，今日已登記在案的犬隻品種已經超過二百種，這使得猜測狗的品種背景任務變得極端困難。因為基因不像顏料，所以會更加有挑戰性：當你混合基因背景時，結果並不像將紅色與黃色混合成橘色那樣簡單的折衷方法。相反地，這是非常高度互動的結果，因此後代可能看起來更像雙親的一個而非另一個，或者很常見地，不像雙親裡的任何一個。考慮到為收容所中的狗狗們分配品種的任務其繁重程度，收容所的工作人員常常不會給予完全正確的品種標籤也就不足為奇。但可悲的是，人們更容易為品種標籤本身所說服，而不是這標籤所形容的那隻狗——這動物就在他們面前，搖著小尾巴展現出牠適合為伴的友善關愛天性。

麗莎決定測試這些不正確的品種標籤對指引潛在領養者決策的功能。為此，她特別專注在一個很容易引發領養者強烈感情的品種標籤：比特犬。

儘管你可能已聽說過，比特犬事實上並不是狗的品種。反之它是通常用於某些體型結實的狗的標籤，特別是看來至少有點像各種㹴犬與鬥牛犬品種的狗狗們，例如美國斯塔福郡㹴犬（American Staffordshire terrier）和美國鬥牛犬（American bulldog）。誠如布朗文·迪奇（Bronwen Dickey）在她那全然難以動搖而且非常引人入勝的著作《比特犬：美國偶像之戰》（Pit Bull: The Battle over an American Icon）中所解釋的，這些狗狗們在二十世紀後期由於文化因素的複雜趨同作用，成為被社會所篾視的賤民，而這些文化因素與被冠上此一標籤的狗狗們的個性完全無關。我傾向於視比特犬為一個籠統類別，而這名稱為某些特定身體外形的狗帶來了不好的名聲與形象。麗莎的研究清楚地顯示比特犬標籤使用不一致，以致於對此類狗的外表缺乏嚴格的特徵描述，更違論行為舉止。

麗莎知道將狗冠上比特犬的名稱，對許多潛在領養者將會是觸發器，於是她設計了一個優雅的實驗，並利用了此一標籤背後的嚇人含義。她整理了一組標示為「比特犬」的狗圖片與影片，然後將它們安置在亞利桑那州的一處收容所內。在同一收容所中有另一組狗圖像看來與比特犬一模一樣，但基於某種原因，圖像被標記為不同品種。

這些狗被設法避免標記為比特犬的這一事實有些奇異。如果你沒有花很多時間在美國的收容所中尋找可收養的狗，你可能會對這標籤所包括狗的範圍之廣大感到驚訝：所謂比特犬的範圍，在毛色上包括黑色至淺黃褐色，體型尺寸從中型到小型都有；有些狗具有我認為是比特犬特徵的結實短小頭型，而另一些的鼻子則很細長，猶如獵犬的鼻子。

這一定義的鬆散特質有利於麗莎的研究。她得以收集各種不同的狗，形成一個非常有趣的集合，並將長相相似的野獸們配對。在每一對狗中，有一隻被收容所標記為比特犬，而另一隻則是「面貌相似」，即儘管看上去很像比特犬，但因故擺脫了這綽號。

當麗莎向潛在領養者展示這些狗狗們的照片與影片時，牠們沒有任何品種標籤，實際上除了電腦螢幕上的圖像外，完全沒有任何資訊；她有了一些令人驚訝的發現。她的研究對象覺得被收容所標為比特犬的狗，比起那些被冠上各式各樣替代犬種標籤的狗，平均來說更具吸引力與可領養度。當麗莎重複這項研究時，這次包括收容所針對每隻狗的品種名稱，比特犬的吸引力驟然下降。

相較於麗莎，我花在收容所的時間少了許多，我比她對實驗結果更為驚訝，「比特犬」這名字，對人們的判斷遠比狗的外觀或行為方式更有影響力。我們都很失望，收容所的品種標籤是一種含糊的猜測，不太可能準確地捕捉到狗的品種遺傳，然而比起這動物能做的任何事情，它們更能決定狗的命運。狗的關愛個性似乎無法與空虛而武斷的品種標籤抗衡。

但是這令人覺得悲傷的發現卻給了麗莎一個有趣的想法。她想知道如果收容所放棄嘗試猜測他們所收容的狗的品種將會發生什麼事？我們同意取消品種標籤，收容所可能幫得上那些被貼上比特犬標籤狗狗們的忙；畢竟麗莎的研究指出，如果潛在領養者看到沒有令人反感的標籤的狗，他們非常喜歡這些狗。但拿掉標籤的做法會對那些被貼上讓人們真正喜歡其品種標籤的狗狗們，例如西班牙獵犬和黃金獵犬，產生何種影響呢？我們是否實際上大玩騙局，只是將快樂與悲傷結局重新分配給不同的狗？還是我們可以全面性地幫助所有狗？

麗莎與我正在討論此想法之利弊，並就如何找到一處願意為我們進行實驗的收容所擬定策略時，我們聽聞——一個非常偶然的巧合——佛羅里達州一家主要收容所已進行的事正是我們想尋找的。二〇一四年二月六日，由佛羅里達州奧蘭多市政府管理的大型動物收容所橘郡動物服務中心（Orange County Animal Services）停止將品種資訊（或更確切地說，品種猜測）放在狗的狗窩卡上。非常感謝他們為我們提供機會，我們得以取得在他們做出重大更改前十二個月及更改後十二個月內輸入與產出結果數據。麗莎與我們的研究合作者蕾貝卡．巴柏（Rebecca Barber）整理了超過一萬七千隻狗狗的數據資料。

結果非常鼓舞人心。正如我們所預期的，沒有那該死的標籤後，這些可能被歸類比特犬的狗狗們情況要好得多，牠們的領養率增加了百分之三十。但更棒的消息是所有品種的收養率皆有所提升。

在這新體制下沒有失敗者。即使是被歸類為玩具犬品種的狗狗們——通常在任何收容所內都是最容易被領養的品種——領養率也呈現小幅增加，沒有一個品種組別的狗出現領養率減少的情況。

後來橘郡動物服務中心讓我們查看他們第二年的數據，在此期間他們繼續省略狗窩卡上的品種「資訊」。所有品種狗的領養率繼續高於去除品種標籤前的領養率。我們很高興看到試驗的初步成功不是曇花一現。它對所有狗狗的結局都產生了實質改善。額外的好處是它實際上減輕了收容所的工作人員其職責，使他們免於浪費時間猜測所有狗的品種。

麗莎與我一直在思考為什麼移除品種資訊後，所有狗的結果都獲得改善。我們期待拿掉狗狗們的「比特犬」標籤會對牠們有所幫助。但令我們困惑的是，這種改變似乎可以幫助所有的狗獲得收養，包括那些坐在寫著非常吸引人的品種名稱卡片後的狗狗。我們進行了詳盡討論，而我們能夠得出的最佳假設如下：

當人們參觀收容所以便尋找新狗狗時，他們會透過品種名稱來為自己定義他們想要的狗。童年時光裡，他們可能與討人喜歡的德國短毛指標犬在一起度過了許多的快樂時光。因此如今既然他們自己身為父母，希望為孩子們留下類似的幸福回憶，他們便出現在收容所並要求看看有沒有德國短毛指標犬。

要了解在這種假設情況下接著會發生的事情，我們需牢記以下這三個事實。首先，德國短毛指標犬在美國並不常見。其次，在收容所內的大多數狗狗都是混種犬。再者，這些狗狗們都沒有出生文件。一處收容所內可能有一百隻狗可供收養，許多狗可能具備我們先入為主的收容所訪客，希望為家人提供的體型尺寸（中等至大）以及充滿活力、有趣、寬容和深情的天性。但收容所裡負責憑空猜測狗的品種名稱的人會想到將「德國短毛指標犬」放在任何狗窩卡上，這機會非常渺茫。

因此這對帶著先入為主印象的夫婦空手而歸。如果收容所的辦公室說沒有德國短毛指標犬可供收養，他們甚至可能不會去看看狗狗們。這些領養者可能在開始搜尋狗狗前就考慮中止這流程。

現在請想想當有人到達收容所，並被告知該機構不提供任何關於狗的品種資訊時會發生的情況。這名訪客至少可以實際親自去看看狗。他可能會看到一隻狗，只因為牠的行為舉止使他想起了他童年時期的狗。或者，如果孩子們也來了，他們可能會認出即將帶領他們踏上未來探險旅程的那隻狗。

拿掉品種標籤，實際上讓人們得以真正地看著他們面前的狗。許多體形各異的狗可以為人們帶來他們在有犬類相伴中想得到的東西：也許是啤酒夥伴、一起看電視的夥伴、一個健行夥伴以及愛。

不管背後原因為何，這項研究所發現的結果清楚表明了一件事：超越標籤的限制框架，我們可以幫助成千上萬隻狗，甚至數百萬隻狗狗們找到家。說實話，我認為我們在與狗打交道時應該超越牠們的品種。除了某些特定的品種才會有，但時至今日對大多數人來說並不重要的行為（例如依據主人的指示將牲畜們趕在一起，或向主人顯示捕獲獵物的所在位置）之外，一隻狗的品種資訊無法充分說明牠的性格特質。有兩項大型研究證明了這一點，該研究調查了來自眾多品種的數千隻純種狗的性格。研究人員發現，同一品種的狗之間的性格差異與不同品種的狗之間的性格差異一樣大，在某些情況下甚至比跨品種更大。當你想到，正如我在前一章中所概述的，即使是克隆狗（脫氧核醣核酸（DNA）相同的動物）也未必具有相似性格，這一發現實際上似乎也就不足為奇。那麼，同理可證，只從相同祖先而來的後代狗狗們，在基因組的變異可能性更大，其性格特質的差異自是不言可喻。

如果人類對於犬隻品種標籤保持開放的態度，就會有許多意想不到的收穫。這一點在莎夏研究的另一項結果已經明確地呈現：前往收容所的人們通常只要求看一隻狗。他們要不是帶著那隻狗回家，不然就是完全不帶任何狗回去。如果我們到收容所尋找狗時，不依賴諸如品種標籤之類這些武斷且非常無關緊要的標記，狗與人們都能得到更好的服務。如今許多收容所都在鼓勵潛在收養者（和其他人）養育狗，現在很容易就能將狗帶回家進行週末試養，以了解牠是否能適應巨大壓力的收容所環境之外的人類家庭，而不以牠的「品種」來決定。如果你帶回家的狗看起來不太像過去所認識的狗，你或許會對於牠的愛感到驚訝。

而這是不可或缺的，我們很少需要狗狗們去做任何特別的事情，我們需要的只是一個充滿愛心的同伴，而狗狗應該有個公平的機會向我們展示牠們是可以勝任這角色的。給牠們這個機會，牠們將會證明所有品種的狗都有愛的能力。

收容所是狗狗們最後的希望，把狗狗留置於收容所內生活是慈悲為懷的行為。因此牠們未得到更慷慨的待遇是可悲，但不全然令人驚訝的。

我更驚訝的是，在經濟範疇另一端，狗狗們的生活可以像許多人們一樣貧瘠。因為不僅是收容所內的雜種犬需要我們幫助；狗世界的純種貴族們也應該得到更好的對待。這些狗同樣具有能力，也值得與人類建立相互支持與關愛的連結。牠們與我們一樣，是兩物種間在遠古時一項雙方協定的簽署者；牠們也應當過充實、有意義的生活。然而有太多純種狗與許多收容所內的狗一樣處於危機中，儘管是以相當不同的方式。

就我們今日所知，犬隻品種只是過去一百五十年來的產品。詳盡的脫氧核醣核酸（DNA）分析指出，所謂古老的品種實際上不超過一或兩個世紀。甚至看起來像數千年前畫在埃及法老墓裡，高貴獵犬的薩路基獵犬（saluki），也是在現代意義上追溯至十九世紀時創造的品種。在此之前，人們當然認識到狗種類的一般性差異；例如來自古埃及時期的藝術品即暗示有四至五種不同外形的狗存在，而羅馬文獻中則提到四十或五十種狗。但這些並不是我們今天所了解的「品種」概念。也就是說，牠們不是高度隔離的群種，完全沒有與其他任何群體的狗一起繁殖的可能性，而這種隔離做法帶來了所有的基因遺傳風險。

許多人不知道這些「純」種狗近親繁殖的程度有多密集。如果你檢視純種狗的家譜，通常會看到牠的父親也是牠的祖父，而牠母親的叔叔也要出馬。這種密集的近親繁殖可確保純種幼犬非常完整地繼承其容貌（如果不是個性），但同時也帶來了嚴重風險。例如，純種狗的預期壽命要比混種狗短許多；這是因為和血統背景與經驗多元的狗狗們相比，牠們往往飽受更為廣泛的健康問題所困擾。

我在亞利桑那州立大學生物設計研究所（Biodesign Institute）的同事卡洛·馬雷（Carlo Maley）和馬克·托里斯（Marc Tollis）及他們的學生卡珊卓·貝思雷（Cassandra Balsley）最近完成了來自全球二百多個不同犬種，超過一萬八千隻狗死亡原因的詳盡分析。他們發現在某些犬種中有超過半數死於癌症；犬種的近親繁殖愈密集，癌症死亡率就愈高。

卡洛與馬克向我解釋，當人們在十九世紀開始創造現代犬種時，他們已經對遺傳有足夠了解，因此知道將具有他們所喜歡的性狀且密切相關的動物們一起繁殖，會增加幼犬們分享這些性狀的機率。當時犬種繁殖者所不知道的是——但今天已廣為人知——以近親繁殖取得顯性與理想的性狀基因之際，也會同時獲得不良和隱性性狀。結果許多種類的純種狗出現相當驚人的高癌症發生率，典型的基因隱患；以及其他遺傳疾病。大麥町狗（Dalmatians）先天傾向易耳聾、拳師犬（boxers）容易有心臟病、德國牧羊犬易患髖關節發育不良，這只是令人沮喪的疾病清單其中三個例子。

令人欣慰的是，近來純種狗的困境愈來愈受到關注。「英國愛犬俱樂部」（The United Kingdom Kennel Club）是世界上所有犬隻育種俱樂部的始祖，十年前英國廣播公司製播的紀錄片《純種狗悲歌》（Pedigree Dogs Exposed）就令其蒙羞。這紀錄片節目繼而獲得英國皇家防止虐待動物協會的最高動物福利獎，讓人們注意近親繁殖的業界做法以及此舉對動物福利所造成的後果。

紀錄片中的愛犬俱樂部看來非常愚蠢。例如，面對母子交配的倫理議題時，當時俱樂部主席羅尼・歐文（Ronnie Irving）表示那「取決於個別的母子」，並補充說：「我不想一堆科學家來告訴我，他們對此了解得更多。」其中一位科學家史蒂夫・瓊斯（Steve Jones）是我母校倫敦大學學院的世界著名遺傳學家，他總結了純種狗的慘淡前景：「如果犬隻繁殖者堅持走這條路，我可以很有把握地說，確實有一個苦難的世界等待著許多這樣的品種，而且，即使不是大多數，這些品種中有許多也將無法存活。」

這部英國廣播公司紀錄片促使英國國會呼籲，對純種狗福利進行獨立調查。這項調查由皇家學會會員派崔克・貝特森爵士（Sir Patrick Bateson）教授領導，他被公認為世界頂尖行為生物學家之一。他所得出的結論是，儘管許多英國人以最關懷狗狗福利的方式育種，但純種狗的近親繁殖業務卻一發不可收拾。他引用倫敦帝國學院（Imperial College London）的一項研究，該研究發現，雖然英國有近二萬隻拳師犬，但這些動物的基因等效性僅為七十個不同個體。從基因上來看，英國一萬多隻哈巴狗僅相當於五十隻個體。

我能體會人們偏愛某些狗的長相勝於其他的狗狗們；我也有這樣的偏愛。我也了解不同犬種之所以存在的理由：有些人想要金色長毛髮，有些人想要白色短捲毛，有些人想要瘦長像狼一樣的鼻子，還有一些人想要短臉狗。這些都不難理解。

我無法理解的是，迷戀於知道你的狗身上的基因來自於維多利亞時代被選出為該品種創始者的一小撮狗狗們；為什麼對於德國牧羊犬的主人們來說，這件事很重要？知道二〇一九年他們的狗可以追溯其血統，回到騎兵上尉馬克斯·埃米爾·弗里德里希·馮·斯蒂芬尼茨（Max Emil Friedrich von Stephanitz）在十九世紀後期決定，將在德國的牧羊人所飼養的其中一隻狗養成這犬種的完美典範？對我來說，這是個謎，也是個令人深感擔憂的謎。

如今許多純種狗的問題，可以藉由允許與少量相關品種的狗進行雜交繁殖加以糾正。這種有限制的混種繁殖對於狗的外表其影響不大，卻可以大幅改善牠們的健康狀況。如果我們要矯正今日純種狗的系統性錯誤，並給予牠們應有的愛護來回報牠們的愛，這將是朝向正確方向邁出重要的一步，這需要犬隻品種狂熱份子最低限度的讓步。

舉例來說：在英國每一隻登記在案的大麥町犬皆有一種遺傳缺陷，稱為高尿酸尿症（hyperuricosuria），這會影響代謝尿酸能力。結果這些狗狗們會面對各種困難與許多痛苦，最終導致在生命早期死亡。早在一九七〇年代，美國遺傳學家與犬種繁殖者羅伯特·夏布爾（Robert Schaible）博士即開始將大麥町犬與指標犬混種繁殖，以便糾正這一基因缺陷。就尿酸問題的基因而言，夏布爾的計劃取得全然成功，任何人看到他所育種出來的狗，會看到明顯就是美麗無比的大麥町犬。當他的其中一隻狗——菲歐娜（Fiona），原始大麥町犬與指標犬混種繁殖後的第十五代後代，具有百分之九十九·九八的大麥町犬純基因，被帶至英國參加英國愛犬俱樂部的克魯夫茨狗展（Crufts）比賽時，遭受到當地犬隻繁殖者的激烈反對：「讓這隻狗參加純種狗展是非常不道德的。就我而言這是非法入境者，是對大麥町犬種的嘲弄」。另一名繁殖者深表同意：「這是雜種，而且這是不道德的。如果這隻狗贏了，我會感到厭惡。」我必須懷疑這些人如何定義「不道德」。明確來說，對於那些沒見過這犬種譜系的人來說，夏布爾的大麥町犬與「純種」間的差異如此難以察覺，簡直根本不存在。英國報紙《每日郵報》在一張「正常的」大麥町犬旁邊印了一張菲歐娜的照片，沒有人能夠只看著牠們就能加以分辨；唯一區別藏在牠們的基因裡。

這關於犬隻品種的故事至少有個圓滿的結局。菲歐娜並未在克魯夫茨狗展上獲勝，但她確實獲得在愛犬俱樂部登錄為大麥町犬的權利，這樣她的健康基因就可以被繁殖至英國的狗中，並有助於產生健康的大麥町犬，至少在那些願意容忍她百分之〇・〇二品種雜質的繁殖者間是如此。

在我看來，這裡的潛在問題是，有些人更重視狗狗們血統純正，而非牠所擁有建立關愛關係的能力，實際上是牠的渴望。一隻狗的血統譜系真的比這還更重要嗎？

❀ ❀ ❀ ❀

在另一種來自人類的損害面前，收容所狗與純種狗皆無招架之力：鬆懈的政府法規，姑息人類對狗狗採取的行動，遠非給牠們提供所需及應有的生活。這是世界上許多地方共同面臨的問題，但因為我在美國生活與工作，得以親眼目睹，並深入了解美國監管系統的問題。

由於我和我的學生們都在研究人類飼育的狗，所以我的雇主亞利桑那州立大學，非常稱職地要求我閱讀並遵守關於動物的聯邦法律：《動物福利法》。如果你以美國為主要生活及工作地點，你應該閱讀這法律，我想你會和我一樣震驚。

《動物福利法》是聯邦法律，主管犬隻繁殖者與其他以動物為生的事業行為。當你閱讀這法律時，最引人注目的是它未曾試圖定義「動物福利」。聽起來可能有些奇怪，它只告訴我們，該法案的目的在於規範動物交易，而非為了宣揚動物福利。

除其他事項外，這項法律對美國繁殖場合法飼育狗提供法源依據與明確規範。這些標準與狗的需求以及購買這些狗的人類期望完全脫節。從大量悲傷的失敗規範中，列舉出一個令人沮喪的事實：法令規定狗籠要比狗身長再多出六英寸（甚至沒有把牠的尾巴算進去），才是可被接受的動物終生住房。悲慘的是，如果狗籠是這已然空間不足的法定尺寸兩倍大，法規規範這隻可憐的動物根本不得離開狗籠，連出來曬一小時太陽也不行，更別提與其他生物建立任何關係。

賽弗絲從鼻子到尾巴的身長約三十英寸。因此法律允許她被關在每邊僅三十六英寸的狗籠子。她甚至無法在那種空間裡搖搖尾巴（儘管我懷疑被迫生活在如此窄小的籠子裡，她是否會想搖尾巴）。為了製作能與我在與這議題相關演講搭配的圖像，我在地面上畫出了一個三十六英寸見方的正方形，讓賽弗絲坐在其中，好讓我可以拍照。即使我只要求她聽令行事一會兒而已，她看來既悲慘又困惑——想像一下一輩子都住在這小框框裡的那些狗狗們！這實在令人難以置信，一部名為《動物福利法》的法律會在這方面及許多其他方面都未曾關注過動物的需求。

近年來，對於動物們，特別是我們充滿關愛天性的犬類伴侶，法律保護措施不足已然受到日益增加的關注。例如，記者羅莉．克萊斯（Rory Kress）在二〇一八年以一本名為《櫥窗裡的小狗》（The Doggie in the Window）充滿悲傷事實卻精采絕倫的書籍，探索了美國犬隻繁殖業的悲慘事實。她沒有追蹤人們所謂的「幼犬繁殖場」其非法的後院營運，而專注於法規在管制設施中所容忍的不人道行為。克萊斯講述了一則個人故事，她試圖找出她在寵物店一時興起買來的一隻小狗來自何處。我不會在此透露故事結局，但不消多說，她陷入一趟充滿監管不力和冷酷無情的奇怪旅程。

身為愛狗人士，及了解狗狗是如何愛我們，因此而生出責任的人類，我們不應容忍對我們的犬隻伴侶這般薄弱的保護。在讓狗狗的生活變得更好並榮耀牠們對我們的愛的所有方式中，修正這些不人道的法律規定可能最為困難。但這也會對狗狗的幸福安康產生最大影響，不僅是與我們同住的狗，還有與我們在同一國家內的狗。身為了解狀況的公民，我們應該毫不退讓。

人類已經以一些可怕的虐待手段回報了狗狗的愛，但儘管如此，我仍然對人類和狗未來樂觀以待。

讓我抱持樂觀態度的其中一件事是，我知道狗狗們有韌性。我先前提過，溫柔甜美的賽弗絲在我們領養她之前過著艱難的生活，而她已經復原，沒有留下任何明顯的不良後果。這說明了一個令人振奮的事實：狗狗們可以快樂地找到新家。牠們不會像我們這物種因失去重要依附對象而承受持久不去的創傷。這可能是因為在牠們自己之中，狗狗似乎沒有形成與我們人類同樣的終身連結。

我的學生們與我所進行的研究，以及有狗圍繞的許多日常經驗，都指出這些動物們在關係上比我們還有彈性。我們已經看到，狗能在短短數分鐘內即開始形成新連結，甚至街狗們也會立即與溫和對待牠們的人類結為夥伴。這不是說狗不記得他們所愛的人類；牠們當然會記得。查爾斯．達爾文搭乘小獵犬號環遊世界五年後再回到家時，因為他的狗仍記得他而大感震驚，而賽弗絲以幾乎令人覺得尷尬的熱情告訴我，當我任何時候離開家再回到她身邊時，她是多麼想念我。但知道狗可以從早期創傷中恢復過來，牠們具有韌性，是有其價值的。（這有一個含義：沒有理由因為擔心牠可能為了過去失去的人類家庭而傷心枯槁，而對領養一隻較老的狗猶豫不決。但不用說也知道，狗的韌性不是虐待牠們或剝奪牠重要的情感連結的藉口，除非現實狀況已真的無濟於事。）

我樂觀地相信我們會為我們的狗狗們做得更好的另一個原因，是這麼多的人決心這樣做。無論我到哪裡，我都會遇到一群充分回報狗對他們的愛意的人。我從在美國遇到最富有的人們中看到了這一點，他們的純種狗擁有柔軟的床與昂貴的飲食，再到無家可歸、躲在橋下的遊民，他們與那些在困難時期提供愛意與支持的狗分享他們所有的少量物品。無論我在哪裡旅行，我都會發現人類在照料或關懷狗狗，例如莫斯科的浪浪們，牠們從地鐵站外面忙碌的通勤者那裡得到營養補給，並躲在公寓居民放置在戶外以保護牠們免受冰雪的紙板箱中；或特拉維夫的寵物們，在該市許多可愛的狗狗公園中鍛鍊身體；或尼加拉瓜的狗，牠們的瑪揚那族主人們絲毫不小題大作地將牠們留在身邊，並盡其所能地保持牠們的健康。

人們愛狗，若「愛」這個動詞對我們來說，有對牠們的意義一半那麼多，那我們將會認真做到必要事物以便讓牠們有更好的生活，並且肯定牠們給予我們的一切。狗狗們的愛定義了牠們，牠們正是我們應當遵循的一個典範。

---

1 編註：在動物行為學（ethology）中，「阿爾法」（alpha）意指社群首領，也就是社群地位最高的雄／雌性個體。

2 譯註：電梯簡報即在短時間內精準摘要地學習。

結論
Conclusion

若這趟旅程就如改變我那樣改變了你，你會比以往更加理解、更加欣賞狗狗的愛。狗狗們以最細微的習慣提醒我們，牠們愛我們。在平日裡，當我在家中的辦公桌前，賽弗絲會蜷縮在我的腳邊或我身後的地毯上；如果我在床上看書，她會躺在床腳，背靠在我的腳上；如果晚餐後我收拾、清理得很慢，或者打算回到辦公桌前，她會開始溫熱她在沙發上的專屬座位，準備收看電視。如果訪客們不了解賽弗絲想被拍撫，她會把自己擠到那人的手掌下面，提示客人摸摸她的頭。

這些行為對於許多愛狗人士來說，是感人又熟悉，當你欣賞這些情感表達背後那令人著迷的科學與豐富的歷史時，它們將具有全新而強大的意義。

當你想到狗狗對我們所表達的愛往往得不到回報時，我們與牠們共同的生活中那些美麗的特別片段就變得更加深刻動人。例如賽弗絲喜歡在人們躺在床上時蜷伏於他們身邊。我妻子蘿絲和我總讓她睡在我們床腳，和我們共眠；有一、兩次，我們甚至讓她爬進被窩裡與我們依偎在一起。有位我們出外期間看管房屋的房屋保姆，曾經因為一些原因而沒有遵循我們允許賽弗絲在我們床上睡覺的慣例。可憐的賽弗絲哭了又哭；當她終於意識到自己不被允許這麼做時，她爬到床底下睡。

賽弗絲的情緒具有韌性，她會迅速從悲傷中回復。儘管如此，每當我想到她試圖向我們表達愛意卻被斷然拒絕時，我總會為她對這回應的困惑深感同情。提醒你，狗狗們的愛需要有對等的回應，我們這些與牠們建立關係的人類（即使只是一個臨時的房屋保姆）應當聆聽並肯定牠們這些情感需求的表達方式。如果我們不這樣做，我們可能在無意中造成這些動物們真正的痛苦。

現在我一心一意地相信這點，但我當然也曾對「狗狗在與人類的互動中表達愛」的想法持過懷疑的態度，或甚至對牠們是否有任何愛意可給予我們，也很懷疑。因此，當我面對一些與我同樣懷疑狗有愛的能力的人們時，我也許不應該感到如此沮喪。而且我經常遇到懷疑者，其中一些人非常堅信狗狗的愛這概念根本是瞎說。

在尋求了解狗是如何愛人的早期階段，我曾經在飛機上，坐在一名素不相識的乘客旁，我非常不明智地向那人透露了我正在發展關於是什麼讓狗狗如此特別的信念。他不僅堅持狗狗根本不在乎人類，而且我還不得不勸阻他，不要給我看在他大腿上留下的明顯傷疤，據他說，那是他從試圖分開兩隻正在打架的狗狗時所得到的。

狗的行為當然不僅限於快樂，充滿愛意的笑容與搖尾巴，而且無可爭議地，狗有時確實會傷害人類。在美國，沒有關於狗咬人頻率的確切記錄，但因為這個問題所產生的開銷金額卻有相當可靠的記錄。二〇一七年美國保險公司為狗咬傷人類而支付了六・八六億美元，這是一筆數目驚人的金額。但這龐大的數字來自於每項保險理賠的付款金額（超過三萬七千美元），而非保險理賠的申請件數（一萬八千五百件）。在一個擁有約八千萬隻狗的國家，一萬八千五百件理賠申請並不算太大的數字。如此看來，這意味著即使這國家的每隻狗都會兇猛地攻擊人類，以致約每五世紀就要申請一次保險理賠。幸運的是，狗的壽命不可能那麼久。

不可否認地，由於有被狗咬傷卻沒有任何保險的人，以及被狗咬傷卻找不到任何可提訴訟對象的人，這些數字可能會有相當可觀的落差，但即便如此，很明顯地，狗對人類並不是能產生極大威脅的危險來源。絕大多數的狗都過著平和而無害的生活。

無論如何，在兩個物種的成員之間可能存在著關愛關係的事實，一點也不能排除這些物種的個體傷害彼此的可能性。人們可以與其他人建立愛的關係，但是人們彼此之間也能造成很大的傷害。在美國，人際間的暴力行為所支付的費用是狗與人類之間暴力行為的千倍以上。如果在美國有八千萬隻狗是人類，牠們每年將殺死約四千人。但由於牠們只是狗，因此每年造成的死亡人數少於四十。相較於和自己相同物種的另一名成員在一起，有狗的陪伴要安全得多。

可悲的是，幾乎同理可證，僅僅由於狗有能力愛人類，並不代表牠們總是愛我們。而且，既然牠們能表現出明確的愛意，那意味著牠們也會對其他較深層而強大的情感，像恐懼或憤怒等有所反應。

也有些不真實的建議，就像一名我不願在此指出姓名的朋友所說，狗看來似乎充滿愛意的行為並非出於真心的愛，而是為了個人利益；也就是說，狗狗讓我們以為牠們愛我們，是為了哄騙我們去照顧牠們。當然，愛上我們人類這事看來會為狗狗帶來利益；畢竟我們之中有許多人在很大程度上照顧與關愛我們的狗，是因為我們認為自己的愛獲得了回報。原因很簡單，因為愛會產生愛。而且我非常努力地嘗試想像一隻動物會在不高興的情況下狂熱地搖尾巴，或者在不是真正關心我的情況下找尋我。我發現這很難以想像，但並非全然不可能。而最近幾年以來，我發現的所有生理證據又有何意義呢？從導入愛的行為的基因編碼，到記錄並指導狗對人類感情的大腦狀態，符合在我們自身物種身上的發現，當我們自他人身上感受到愛時，這項活動的相關荷爾蒙……？我們不能丟掉所有關於愛在狗的生命裡是真實的事物的有力證據。我相信科學證據的份量沉重得足以讓懷疑狗有愛的能力的有利位置再也無法堅持下去。以一個比大多數人採取更頑強而堅持的態度，長期反對「狗是會愛上我們」這想法的人，我在此很慎重地說出上述言論。

但就算只是假設，儘管我已經透過書中的扉頁與篇章呈現所有你的狗狗真的不愛你的證據——他或她只是對你的存在偽裝出深情款款的反應。現在看看你的配偶，她或他可能假裝愛你嗎？那你的孩子呢？你最好的朋友？

事實是，沒有絕對萬全、無懈可擊的方法去確認在生活中所有看似關懷你的人，是真的發自內心地對你產生愛意。隨著時間流逝，我們會依據與他人的經驗而建立對我們生活中，不同的人對我們的感覺之間的細微差別感。他們的態度與行為揭露關於他們的巨量資訊，以及他們對我們的感覺等這些經驗。如果我們不會懷疑那些看來是關愛我們的人類，我看不出有任何理由去質疑我們的狗狗們不是真心愛著人類。如果有人愛你，你的狗也愛你。

我花了很長時間才得出此一結論，這個經歷從本質上改變了我與狗狗之間的聯結關係。

然而在我這趟旅程中，所有自賽弗絲、狼公園裡的狼群、其他在我們的研究中幫忙過我們的犬隻們身上所學到的功課裡，有一門功課更勝於其他，我帶著這門功課，不止與我的犬隻伴侶們，更與人類同儕們展開全新的互動。

現今在我們的文化中有一種現象，將力量——特別是男性的力量，視作等同剝奪他人所有物的武器，無論是體力、菁英社會地位，或財務實力，皆以弱者為代價。這自然是一種極其殘酷的道德觀念，即一種「狗吃狗」，讓人類與他們的犬隻朋友們變得病態的生活態度。

但還有另一種關於力量的概念，那就是幫助弱者的力量，即支持那些較無法自我捍衛者。我不是對宗教虔誠的人，但我榮耀並尊重偉大的精神領袖們，他們在數千年歷史中教導我們說，當我們援助同類中的最弱者，我們就會找到最大的力量。

承認並直率地回應狗狗們愛的呼喚，是養成第二種力量的方法。像狗狗愛我們那樣地愛著牠們，我們會發揮並強化自己最好、最為利他的自我。這種無私的精神有光榮與高尚的價值，當我們實踐這種精神時，我們與狗狗之間、與他人之間，兩者的關係就會呈現更高的水準與品質。

當然，狗確實以多種方式回報我們的支持，從最古老的狗在垃圾場的守衛功能，到最後一次冰河時期末期時，當我們的祖先面臨人類演化歷史中的困頓時期，牠們幫助獵人並協助我們的祖先，直至接受大量訓練後得以發揮廣泛且巧妙的輔助作用的現代犬隻們。另外，愈來愈多研究指出，養狗的人比沒有養狗的人生活得更健康、更幸福。

我有點懷疑那些研究（我是否提過我有懷疑論者的傾向？）我當然認為比起家中沒有養

狗的歲月，我更喜歡有賽弗絲在我生命中的日子。但我認為那很有可能，平均而言，比起那些無法為犬類伴侶找到生活空間的人，選擇在自家中添隻狗成員的人本來就更健康而快樂。就我自己來說，日益增加的穩定發展，讓山姆、蘿絲與我得以邀請一隻狗加入我們的家庭。

無論以何種方式得到對這問題的證據，我都不認為我們理應只因為狗狗對我們有用而照顧牠們。我不喜歡將人犬關係視為交易。若真是如此，照料我的狗就如同維護我的車輛。我的車子是我生活中不可或缺的一部分，它能執行某些有用的功能，因此我必須盡本分地確保它穩定運轉。但是一隻狗所做的遠超過完成一組功能而已。牠能喚出我們可能不知道自己所擁有的澎湃感情，並鼓勵我們為回應另一個生物而採取無私的行動。狗令我們詫異，並使我們對重新發現自己感到驚訝。

我們應當照顧我們的狗，是因為牠們值得。當我們回應狗狗對我們伸出援手的請求，而不去考慮牠們是否會回報我們時，我們展現人性真正高貴的價值。當我們以此方式提供支持時，我們正回應著與牠們間未曾出聲說破，卻具有約束力的承諾——那是一份社會契約，時間可追溯至早在嘈雜收容所的狗窩裡，我初次見到那飽受驚嚇，可憐的小賽弗絲的那一天，直至數千年前，她的物種第一次獲得使她那超凡的愛的能力成為可能的基因。當我回應賽弗絲時，我跟隨著無數個世紀中數百萬人的足跡：不僅是巴夫洛夫、達爾文與尼科米底亞的阿里安，還有數百或（非常可能）數千年前，首先留意一隻接近人類村莊的幼犬牠求助時的微弱請求，並回應了牠的求救哭聲——這隻狗對他或她產生銘印作用，進而鞏固了自那時起我們這兩種物種間的連結。

這些人與他們的狗狗們參與了跨越時光長河的跨物種夥伴關係。參與其中既是一種奇蹟，也是一種榮幸。被一隻狗所愛是一項偉大的特權，或許是人類生活中最美好的特權之一。

願我們證明自己值得這一切。

致謝

Acknowledgments

如果結束一個像這樣的計劃其中的樂趣包括感謝在過程中一直支持我的人，那麼，伴隨而來的焦慮便是我可能無法一一提及每個幫助過我的人。若你是那個沒有被提到的人，我在這裡先向你表示歉意。

就像樂團團長，且容我從那些傑出的獨奏者們開始唱名，這些獨奏者在我探索令狗狗們成為奇妙生物其根源的旅程上與我同台表演。以出場順序：莫妮可・烏黛爾（Monique Udell）、妮可・朵瑞（Nicole Dorey）、艾瑞卡・佛爾貝洽（Erica Feuerbacher）、奈森・霍爾（Nathan Hall）、琳賽・梅赫卡姆（Lindsay Mehrkam）、莎夏・普拉托帕拉娃（Sasha (Alexandra) Protopopova）、麗莎・岡特（Lisa Gunter）、瑞秋・吉爾克里斯特（Rachel Gilchrist），及約書亞・凡・柏爾格（Joshua Van Bourg），讓我們行謝幕一鞠躬。除了這些出色的研究生外，成群的大學生軍團為我們的研究工作提供了不可或缺的幫助。我感謝他們每個人，但實在很抱歉沒有足夠空間列出所有人的名字。我也要感謝安瑪莉・阿諾德（Anne-Marie Arnold）、瑪麗安娜・班多塞拉（Mariana Bentosela）、娜汀・舍爾西尼（Nadine Chersini）、潔西卡・史賓賽（Jessica Spencer）、羅布森・吉利奧（Robson Giglio）、凱瑟琳・洛德（Kathryn Lord）、大衛・史密斯（David Smith）、瑪麗亞・艾琳娜・米勒托・佩特拉濟尼（Maria Elena Miletto Petrazzini），與伊莎貝拉・贊恩（Isabela Zaine），他們在我們這些年來的研究上分別提供了不同的協助。誠如尼爾・楊（Neil Young）於一九七六年在紀錄片《最後的華爾滋》（The Last Waltz）中，上台與樂隊合唱團（The Band）共同演出時所說，「與這些人同台是我一生的榮幸」，我是認真的。

在我們的研究中，我們從許多在動物收容所裡努力掙扎的人們那裡獲得很多幫助，他們以僅有資源竭盡所能，給予動物們最美好的生活，我感謝你們所有人對狗狗們所做的努力及對於我們在狗狗們的研究上無比的耐心。在狼公園裡，派特・古德曼（Pat Goodman）、蓋兒・莫特爾（Gale Motter）、蒙蒂・斯隆（Monty Sloan）、丹娜・德林札克（Dana Drenzek）、荷莉・杰考克斯（Holly Jaycox），與湯姆・奧多德（Tom O' Dowd），以及許多其他的工作人員與志工們，在我們不斷想出更瘋狂的實驗迴圈時，無比寬容地讓我們占用他們的時間進行對狼群們的實驗。謝謝你們的耐心與友誼。感謝上百名願意讓我們測試他們心愛寵物的人們：謝謝你們的信任與協助。

在旅行中我經常自素昧平生的陌生人那裡得到幫助，並且很快地成為朋友。我要謝謝辛辛那堤大學的杰諾米・寇斯特（Jeremy Koster）與他的瑪那揚族朋友們；巴哈馬學院的威廉・菲爾汀（William Fielding）；分別來自莫斯科國立大學及莫斯科動物園的伊里亞・佛拉金（Ilya Volodin）與艾琳娜・博拉汀娜（Elena Volodina）；俄羅斯科學院西伯利亞分院的柳德米拉・特魯特（Lyudmila Trut）與阿納斯塔西婭・哈爾拉莫娃（Anastasiya Kharlamova），還有伊利諾伊大學香檳分校的安娜・庫可科娃（Anna Kukekova）（「俄文，安娜！俄文！」「英文，安娜！英文！」）；特拉維夫大學的喬瑟夫・特克爾（Joseph Terkel）與伊來・葛芬（Eli Geffen）；阿菲金屯墾區的摩西・阿爾伯特（Moshe Alpert）與優希・威斯勒（Yossi Weissler）；位於奧地利恩斯特布倫的狼科學中心的路德維希・胡貝爾（Ludwig Huber）、科特・克特羅斯查爾（Kurt Kotrschal）、莎拉・馬歇爾・佩斯西尼（Sarah Marshall-Pescini）、弗雷德里克・蘭傑（Friederike Range），與佐菲亞・維羅尼（Zsófia Virányi）；瑞典林雪平大學的佩爾・詹森（Per Jensen）與斯德哥爾摩大學的漢斯・提姆林（Hans Temrin）；還有南卡羅來納州沃福德學院的艾里斯頓・里德（Alliston Reid）與令人非常懷念的約翰・皮雷（John Pilley）。我謹向教導我一些關於考古學知識的杜倫大學教授安琪拉・佩里（Angela Perri）與牛津大學教授格雷格・拉爾森（Greger Larson）致謝；格雷戈里・伯恩斯（Gregory Berns）同樣也讓我打開對認知神經科學的視野。日本麻布大學的菊水建史（Takefumi Kikusui）向我解釋了狗狗們與催產素相關的知識，瑞典烏普薩拉瑞典農業科學大學的德蕾莎・雷恩（Therese Rehn）以及林雪平大學的米亞・佩爾森（Mia Persson），謝謝上述各位，若在這研究工作中仍有任何困惑之處，我個人必然要承擔全部的責任。

有很長一段時間，我一直很想寫一本不但能吸引我的專業同儕，還能接觸到廣大讀者們的書。感謝亞倫・胡佛（Aaron Hoover）與比爾・坎農（Bill Canon）在這段漫長時間裡所給予的建議及鼓勵；謝謝史蒂芬・貝斯克勞思（Steven Beschloss）協助我讓這計劃得以開花結果。我欠你們「喝一杯」的人情。

請以特別的輪指鼓奏及掌聲獻給卓越非凡的經紀人珍・馮・梅倫（Jane von Mehren）

及她在艾維塔斯創意管理（Aevitas Creative Management）的同事們。我的編輯艾力克思·利特菲爾德（Alex Littlefield）從我實際書寫內文擷取出我所想表達的內容，與霍頓·米夫林·哈考特（Houghton Mifflin Harcourt）的傑出工作人員們，將我的想法轉化成為你手中現在拿著的這實質成果——謝謝大家。我也要感謝蘇珊娜·布拉格漢（Susanna Brougham）為本書文本的潤飾，讓它成為你面前那文采動人的模樣，還有莉亞·戴維斯（Leah Davies）的素描作品讓這些頁面更加生動。

我很幸運地得以在一所非常出色的學術機構工作。亞利桑那州立大學總是試圖做非常多相當困難的事，我不會在此重複我們學校的文宣廣告，但請相信我，那真是一個了不起的地方。聲譽總落於指標後，也許在五十年的時光裡，世界終會明白現在的ASU是多麼出色——一個獎學金機制發展良好，一個使給予我們機會的人們感到驕傲，而非讓我們所排除於外的人們感到自豪的地方。（我無法完全抗拒學校的文宣廣告！）我要特別感謝心理學系的同事們容忍一名「狗人」。囿於篇幅我無法在此列出所有人的名字，因此我僅以我在校期間擔任系主任的——基思·茨爾尼奇（Keith Crnic）和史蒂夫·紐柏格（Steve Neuberg）為代表，感謝你們的友情以及打造一個讓我們得以在溫柔中找到力量的環境。

恐怕已故的瑞·科平格（Ray Coppinger）會討厭這本書，但他的指導在本書中隱隱現蹤，我虧欠他許多。我希望我們可以來一場讓本書篇幅暴增的痛苦辯論。

我的父母無法逃脫某些責任：通過系統發育和個體發展史——天性與養育——他們的影

響是顯而易見的。

我懷疑我父親也會想和我爭論這關於「狗狗有愛的能力這件事」。

蘿絲與山姆：我能說什麼？感謝你們一直支持我，度過人生起伏。謝謝你們讓生命旅程如此有趣。

還有賽弗絲——本書的靈魂人物，如果有的話。沒有妳，我還真無法完成這本書。謝謝妳，小甜心，今晚的晚餐有肝臟可吃！

參考資料

Notes

導論

011 天才狗狗：布萊恩．海爾及凡妮莎．伍茲合著，《狗狗們的天賦》（紐約：德頓，2013年）。

Chapter1 賽弗絲Xephos

027 學習速度很快：凱瑟琳．波奈及克里夫．韋恩，〈兩種有袋動物物種的認知學習〉《比較心理學期刊》117（2003年）：188–99頁。

028 當我讀到海爾的研究：布萊恩．海爾、蜜雪兒．布朗、克莉斯汀娜．威廉森，及邁克爾．托馬塞洛，〈狗狗們的社會認知馴化〉《科學》298（2002年）：1634–36頁。

036「像野生動物一樣」：約翰．保羅．史考特及約翰 L. 富勒，《狗的基因與社會行為》（芝加哥：芝加哥大學出版社，1965年）。

037「黛比．唐納」：班尼特．丹尼澤特路易斯，《與凱西旅行》（紐約：西蒙與舒斯特，2014年）。

040 但莫妮可與妮可認為：M.A.R. 烏黛爾、N. R. 朵瑞，及C. D. L. 韋恩，〈收容所內流浪犬（家犬）於人類——守衛物件——選擇任務之表現〉《動物行為》79，no. 3（2010年）：717–25頁。

043「全世界最聰明的狗」：〈全世界最聰明的狗，切瑟爾擁有任何非人類動物所有的最大語彙庫〉超級聰明動物，英國廣播公司電視台，http://www.chasertheborder collie.com/.

043 當我拜訪他與切瑟爾：作者與約翰．皮雷訪談，2009年五月，斯帕坦堡，南卡羅萊那州。

045 約翰訓練切瑟爾：約翰 W. 皮雷及希拉蕊．欣茨曼，《切瑟爾：解碼知曉千字狗狗的天賦》（紐約：霍頓．米夫林－哈考特，2013年）。

Chapter2 是什麼讓狗狗如此特別？What Makes Dogs Special?

059「任何一個警察都能跟你講」：W. 霍斯利．岡特致序言予伊凡 P. 巴夫洛夫，《條件反射與精神病學——條件反射演講集》，W. H. 岡特翻譯（紐約：國際出版社，1941年）。

059 他過世後八十年間：丹尼爾 P. 托迪斯，伊凡．巴夫洛夫，《一個科學的俄式人生》（英國牛津：牛津大學出版社，2014年）。

061 當一個人進入房間時：W. H. 岡特等，〈人的作用〉《條件反射：巴氏研究與治療日誌》1，no. 1（1966年）：18–35頁。

062 一再地得到同樣結果：E. N. 佛爾貝洽及C.D.L. 韋恩，〈以人類社會互動及食物作為強化劑對馴化犬隻與人工養育狼群之相對有效性研究〉《行為實驗性分析期刊》98，no. 1（2012年）：105–29頁。E. N. 佛爾貝洽及C. D. L. 韋恩，〈閉嘴快來摸摸我！馴化犬隻（家犬）在單一選項實驗流程中偏好同時被拍撫與口頭讚美〉《行為處理》110（2015年）：47–59頁。

067 那些安沃斯稱之為「焦慮依附型」的孩童們：M.D.S. 安沃斯、M. C. 布里哈爾、E. 華特斯，及S. 沃爾，《依附模式：陌生情境之心理學研究》（希爾斯代爾，紐澤西：勞倫斯・厄本姆，1978年）。

072 另一名俄國犬隻專家：S. 史頓塔爾，〈莫斯科的流浪狗狗們〉《財經時報》2010年1月16日，https://www.ft.com/content/628a8500-ff1c-11de-a677-00144feab49a. 若你對這些狗狗們感興趣，網路上有專門報導牠們的網站，莫斯科民眾們會將通勤途中遇見這些狗狗們所拍下的照片與錄像上傳於此——www.metrodog.ru.

074 牠們成為許多重大疾病的傳播媒介：〈印度對抗狂犬病的持續作戰〉《世界衛生組織公報》87, no. 12（2009年）：885–964頁。

076 印度街狗們：D. 布哈塔察拉吉等，〈自由放養狗狗們在遵循人類意指手勢上顯現與年齡相關之可塑性〉《公共科學圖書館期刊：綜論12》no. 7（2017年）：e0180643。

076「社會獎勵更為有效」：D. 布哈塔察拉吉等，〈自由放養狗狗們在與不熟悉人類重覆互動中偏愛拍撫勝過食物〉《實驗性生物學期刊220》no. 24（2017年）：4654–660頁。

• Chapter3 狗狗在乎 Dogs Care

086 據艾瑪・陶森所敍：艾瑪・陶森，《達爾文的狗狗們：達爾文的寵物們如何協助建構改變世界的演化論》（倫敦：法蘭西斯・林肯，2009年）。

087 在他後期著作中：查爾斯・達爾文，《人與動物的情感表達》（倫敦：約翰・墨瑞，1872年）。

087「但人類本身」：同上。11頁。本書中提及183次狗狗中之一次。

087 那些「與牠們為友」：同上。119–20頁。

088「上唇是縮起的」：同上。122頁。

088「一樣容易」：派翠西亞・麥康奈爾，《為了一隻狗狗的愛：了解你與你最好朋友的情緒》（紐約：巴蘭坦圖書，2007年）。

091 在情緒辨識上得分：布隆及H. 弗里德曼，〈自攝影中分類狗狗們（家犬）臉部表情〉《行為處理96》（2013年）：1–10頁。

092 但什麼東西都沒有展示：狗狗的左與右。正面與狗狗對望時會相反。A. 卡蘭塔、M. 西尼斯卡爾基，及G. 維羅提格拉，〈對不同的情緒刺激狗狗會表現出不對稱擺尾反應〉《當代生物學17》，no. 6（2007年）：R199–R201。

095 比爾解釋了：K. 麥克佛森及W. A. 羅伯茨，〈狗狗們（家犬）是否在緊急事件中尋求協助？〉《比較心理學期刊120》，no. 2（2006年）：113–19頁。

096 數年後：J. 布勞爾、K. 森納費德，及J. 寇爾，〈狗狗們何時會幫助人類？〉《應用動物行為科學148》，no. 1（2013年）：138–49頁。

097 羅夫曼與莫里斯崔娜發現：T. 羅夫曼及Z. 莫里斯崔娜，〈狗狗們是否了解人類的情緒表達〉《獸醫行為期刊：臨床應用與研究6》no. 1（2011年）：97–98頁。

098 在設計她們的研究時：D. 康斯坦斯及J. 梅爾，〈馴化犬隻（家犬）對遇險難人類之共感反應：一項探索研究〉《動物認知15》，no. 5（2012）：851–59頁。

102「十二歲大的亞爾粗㹴犬小蕈」：露薏絲・林德，《被轟炸的動物們……被解救的動物們：自廢墟被救出的動物們》（倫敦：動物防禦及反活體解剖會社，1941年）。

104 未受困的老鼠：I. B.A. 巴爾塔爾、J. 蒂絲媞，及P. 梅森，〈大鼠之同理心與利社會行為研究〉《科學期刊Science 334》，no. 6061（2011年）：1427–430頁。

106「狗狗們可以迷路」：愛德華・桑代克，《動物智能：動物聯想處理之實驗性研究》（紐約：麥克米倫出版社，1898年）。

• Chapter4 身體與靈魂 Body and Soul

114 當伯恩斯在他精采絕倫的回憶錄裡重述：格雷戈里．S. 伯恩斯，《狗狗們如何愛著我們：一名腦神經科學家與他領養的狗狗解碼犬隻大腦》（波士頓：新穫出版社，2013 年）。

117 這兩隻狗：G. S. 伯恩斯、A. M. 布魯克斯，及 M. 斯皮瓦克，〈功能性核磁共振掃描喚醒未經節制的狗狗們〉《公共科學圖書館期刊——綜論 7》，no. 5（2012 年）：e38027。

117 與食物獎勵相關的腦部中心活動：G. S. 伯恩斯、A. M. 布魯克斯，及 M. 斯皮瓦克，〈熟悉因素的氣味：對犬隻大腦回應熟悉與不熟悉人類與狗狗氣味之功能性核磁共振研究〉《行為處理 110》（2015 年）：37–46 頁。P. F. 庫克等。〈喚醒犬隻功能性核磁共振預測狗狗們對讚美與食物間之偏好研究〉《社會認知與情感神經科學 11》no. 12（2016 年）：1853–862 頁。

119「結實且精力充沛的黃金獵犬」：格雷戈里．S. 伯恩斯，《當一隻狗是何模樣：與其他動物神經科學的探險》（紐約：基本圖書，2017 年）。

120「我們可以歸結說絕大多數的狗」：C. 德雷福斯，〈格雷戈里．伯恩斯知道你的狗狗在想什麼（那很甜蜜）〉《紐約時報》2017 年 12 月 22 日，https: //www.nytimes.com/2017/09/08/science/gregory-berns-dogs-brains.html.

122 這個物質首次由：W. 費德伯格，E. M. 坦賽修訂，《戴爾，亨利．哈利特．戴爾爵士（1875–1968），生理學家與藥理學家》於牛津國家傳記大辭典增訂版（英國牛津：牛津大學出版社，2004 年），http://www.oxforddnb.com/view/10.1093/ ref:odnb/9780198614128.001.0001/odnb-9780198614128-e-32694;jses sionid=A2331762884803A4CD2420C7D4200C59.

122 文森特．迪維尼奧：〈文森特．迪維尼奧——事實〉NobelPrize.org（諾貝爾媒體 AB 2018），https://www.nobelprize.org/nobel_ prizes/chemistry/laureates/1955/vigneaud-facts.html.

125 這現象背後的原因：H. E. 羅斯及 L. J. 楊，〈調節社會認知與從屬行為之催產素與神經機制〉《神經內分泌學前線 30》no. 4（2009 年）：534–47 頁。

125 日本麻布大學研究團隊：M. 長澤等，〈在社會互動中狗狗對主人凝視可增加主人泌尿催產素〉《荷爾蒙與行為 55》no. 3（2009 年）：434–41 頁。S. 金等，〈產婦之催產素回應預測母嬰凝視，〉《大腦研究 1580》（2014 年）：133–42 頁。T. 羅梅洛等，〈催產素對狗狗社會連結之促進研究〉《國家科學院會議論文集 111》no.25（2014 年）：9085–90 頁。M. 長澤等，〈催產素凝視之正向迴圈與人犬連結之共同演化〉《科學期刊 348》no. 6232 （2015 年）：333–36 頁。T. 羅梅洛等，〈鼻內調節催產素以促進馴化犬隻之社交遊戲〉《溝通與互動生物學期刊 8》no. 3 （2015 年）：e1017157。

129 具 AA 版本的狗狗們：M. E. 佩爾森等，〈鼻內催產素與催產素接受器基因多態性在人類與黃金獵犬間直接社會行為之研究〉《賀爾蒙與行為期刊 95》，增刊 C（2017 年）：85–93 頁。

131 這一突破所產生的啟示：H. G. 派克爾等，〈純種馴化犬之基因結構〉《科學期刊 304》no. 5674（2004 年）：1160–64 頁。

132 所以方荷特與她的同事們：另一件關於遺傳學的奇怪事情是，每份科學報告皆需要很多人投入。這篇報告計有三十六位合著者。B. M. 方荷特等，〈全基因組單核苷酸多態性與同種抗原雜交後之整組遺傳分析揭露狗狗馴化的潛層豐富歷史〉《自然期刊 464》，no. 7290（2010 年）：898–902 頁。

132「威廉斯氏症的基因突變」：同上。

133「每個人都想當你朋友的地方」：ABC 線上新聞，20/20, https://abc news.go.com/2020/video/williams-syndrome-children-friend- health-disease-hospital-doctors-13817012, 日期不詳。我個人最愛是：《貓朋友 vs. 狗朋友》 https://www. youtube.com/watch?v=GbycvPwr1Wg 2012 年 11 月 21 日

135 需要商討出一個方式：威廉斯氏症協會，〈何謂威廉斯氏？〉https://williams-syndrome.org/what-is-williams-syndrome，日期不詳。

140 這個基因：B. M. 方荷特等，〈與人類威廉斯氏症基因相關之架構變異構成馴化犬隻典形超社交特質之基礎〉《科學前緣期刊 3》（2017 年）：e1700398。

141 帶來了有用的知識：M. E. 佩爾森等，〈與人類直接社會行為相關之社交性質基因於黃金獵犬及拉布拉多犬之研究〉《PeerJ 6》（2018 年）：e5889。

141「如果他們有尾巴」：N. 羅傑斯，〈罕見人類病症可能得以解釋為何狗狗們如此友善〉《科學新知》2017 年 7 月 19 日，https:// www.insidescience.org/news/rare-human-syndrome-may-explainwhy-dogs-are-so-friendly

• Chapter5 源起Origins

148「最溫和也最喜愛」：阿里安，〈關於狩獵〉約西元後 145 年，《於色諾芬與阿里安談論狩獵：與獵犬同獵》A. A. 菲利普斯及 M. M. 威爾庫克譯（英國沃明斯特：利物浦大學出版社，1999 年）。

149「此狗為」：G. A. 瑞斯納，〈此犬為上下埃及皇帝所榮耀〉《美術館公報，波士頓 34》，no. 206（1936 年 12 月）：96–99 頁，https://www. jstor.org/journal/bullmusefine.

151 這個結論頗有爭議性：L. 詹森斯等，〈舊犬新觀：波昂．奧伯卡瑟爾再檢視〉《考古學期刊 92 》（2018 年）：126–38 頁。

152 十八世紀自然學家：讓．雷歐波德．尼古拉．弗雷德里克，居維葉男爵，《動物界》迪特維拉書店，全四集（巴黎：A. 柏林印象，1817 年）。

154 這主題是：數千年前獵人們：網路上可點閱摩西與他養育的狼群們互動的影片：http://www. afikimproduc tions.com/Site/pages/en_inPage.asp?catID=10.

156 瑞和他的太太：瑞．科平洛及洛娜．科平格，《狗：犬類行為起源及演化的驚人新認識》（芝加哥：芝加哥大學出版社，2002 年）。

160 記者馬克．德爾：馬克．德爾，《狗之所以成為狗：從狼群到我們最好的朋友們》（紐約：全景圖書出版社，2013 年）。

160「這狼（可能會）自願地」：同上，131 頁。醜陋的事實是辛巴威流浪犬全部飲食中有四分之一來自人類糞便。J.R.A. 巴特勒及 J. T. 迪圖瓦，〈辛巴威鄉村自由放養馴化犬隻（家犬）飲食調查：野生動物保育區邊緣拾荒者後續影響〉《動物保育 5》no.1（2002 年）：29–37 頁。

163 最後一個冰河時代末期：安琪拉．佩里，〈日本繩紋時代獵犬為環境適應產物之研究〉《古風期刊 90》no. 353（年 10 月）：1166–80 頁。安琪拉．佩里《全新世早期溫帶森林之全球狩獵適應：國際間犬葬為狩獵策略證據調查》博士論文，杜蘭大學，2013 年。

167「蘇魯」：很奇怪地與拉丁文「狼」（lupu）的發音非常相似。

167 狗會出聲呼喚人類：在美國針對與狗一起狩獵的獵人們所發行的雜誌中流通量第一名的雜誌名為《盡情嗥叫》（Full Cry），以表彰狗狗們嗥叫對人犬狩獵團隊成功所發揮的核心作用。該刊物封面通常以一隻在樹下的狗為主角，牠對著爬上較高樹枝的某個生物嗥叫。

170 骨骸的樹脂複製品：這些骨骸原件收藏於以色列北部瑪雅巴魯赫屯墾區的一座小型博物館——史前人類博物館內。

172 一位考古學家：L. 拉森，〈斯堪地那納亞南部地區中石器時代之入殮實踐與犬隻墳墓研究〉《人類學期刊 98》no. 4（1994 年）: 562–75 頁。

174 隨著一九五三年史達林去世：L. A. 杜加金及 L. 特魯特，《如何馴化一隻狐狸（並打造一隻狗狗）：躍進式演化的遠見科學家們與一則西伯利亞故事》（芝加哥：芝加哥大學出版社，2017 年）。

174「染血的爪牙」（red in tooth and claw）：這個詞通常與達爾文進化論有關，它實際上起源於達爾文發表進化論前十年，詩人阿佛烈・丁尼生男爵的詩作《悼念集》第 56 章（倫敦：愛德華・莫克森，1850 年）。

175 煤塊還只是實驗的第四代成員：杜加金及特魯特，《如何馴化一隻狐狸》50–52 頁。

• Chapter6 狗狗們如何墜入愛河 How Dogs Fall in Love

183 其背後隱含的道德議題性：D. E. 鄧肯，〈在克隆狗背後那龐大又極具爭議的生意〉《浮華世界》2018 年 9 月號。

184 「每隻幼犬都是獨特的」：B. 史翠珊，〈芭芭拉・史翠珊解釋：我為何克隆我的狗〉《紐約時報》2018 年 3 月 2 日

185 實在很難堅持：作者訪問里奇・黑佐伍德，2018 年 8 月 15 及 16 日於亞利桑納州鳳凰城。

188 小企鵝不僅是：有些權威認為澳大利亞和紐西蘭的小企鵝是不同物種。在這種認定下，紐西蘭的企鵝為小藍企鵝（Eudyptula minor），澳大利亞物種則為澳洲小藍企鵝（Eudyptula novaehollandiae）。

189「牠被壓扁了」：王霜舟，〈澳洲採用牧羊犬保衛企鵝棲息地〉《紐約時報》2015 年 11 月 4 日，https:// www.nytimes.com/2015/11/05/world/australia/australia-penguins- sheepdogs-foxesswampy-marsh-farmer-middle-island.html.

189「別緻但謹慎」麗莎．傑拉德夏爾普，〈歐洲的隱藏海岸線：義大利的馬瑞馬犬〉《衛報》2017年5月22日，https://www.theguardian.com/travel/2017/may/22/maremma-tucanny-coast-beachesitaly.

189 荷馬在被認為已有三千多年歷史的故事《奧德賽》，第14書，http://classics.mit.edu/Homer/odyssey.14.xiv.html.

189 最初的牧羊犬試驗：芭芭拉．庫伯，〈牧羊犬試驗簡史〉於澳大利亞卡爾比亞犬育種協會，http://www.wkc.org.au/Historical-Trials/History-of-Sheepdog-Trials.php.

189 遺憾的是：查爾斯．達爾文，《小獵犬號航海記》，再版（倫敦墨瑞出版社，1845年），75頁。

190 儘管奇數球後來成為同名電影明星：電影中文譯為「企鵝小守護」，由史都華．麥克當勞執導（英國動量影業，2015年）。

190 今日中島的小企鵝：黛比．路斯提格，〈馬瑞馬牧羊犬嚴密監護小企鵝們〉《吠吠：狗狗文化雜誌65》（2011年7月號），https://thebark.com/content/maremma-sheepdogs-keep- watch-over-little-penguins. 瓦南布爾市議會，〈馬瑞馬犬隻們〉2018年，http://www.warrnamboolpenguins.com.au/maremma-dogs. 全美馬瑞馬牧羊犬俱樂部，〈馬瑞馬牧羊犬育種史〉2014–2017年，http://www.maremmaclub.com/history. html. 作者訪談大衛．威廉斯，2018年8月9日。

191「教育方法」：查爾斯．達爾文，《小獵犬號航海記》150頁。

193 狼公園創辦人：〈埃克哈特 H. 赫斯以69之齡去世：行為科學家權威〉《紐約時報》1986年2月26日，https:// www.nytimes.com/1986/02/26/obituaries/eckhard-h-hess-dead- at-69-behavioral-science-authority.html. 埃克哈特．赫斯，銘印（紐約：馮．諾斯特蘭德．瑞因霍德，1973年）。

196「就像小野生動物。」：D. G. 費里曼、J. A. 金恩，及O. 艾略特，〈狗狗們社會發展關鍵時期〉《科學133》no. 3457（1961年）: 1016–17頁。約翰．保羅．史考特及約翰. L. 富勒，狗之基因與社會行為（芝加哥：芝加哥大學出版社，1965年），105頁。本實驗的兩項紀錄在狗狗們的人類接觸時間方面有所不同。科學期刊所刊載的論文聲稱每天需要九十分鐘。而書本則表示每天僅十分鐘。我認為論文較準確，因為書是日後出版時自記憶中整理出來的。

201 現在與狗有過三十分鐘熟悉度的人：M. 蓋西斯等，〈收容中心內成犬（家犬）之依附行為：形成新連結〉《比較心理學期刊 115》no. 4（2001 年）：423–31 頁。

204 就有探索陌生環境的意願：E. N. 佛爾貝洽及 C. D. L. 韋恩，〈狗狗們未必總是偏好牠們的主人並能與某些牠們偏好的陌生人迅速產生連結〉《行為實驗分析期刊 108》no. 3（2017 年）：305–17 頁。

204 舉例來說，年紀較大的救援犬彼得：山姆．海瑟姆，〈關於一隻狗狗犧牲自我保護主人免於黑熊攻擊的英勇故事〉《全球之聲》，2018 年 2 月 13 日，https://mashable.com/2018/02/13/dog-dies-afterprotecting-owner-from-black-bear/#o4leySe3ekq0.

204 2016 年時，身為服務犬的鬥牛犬普希絲：〈佛羅里達服務犬試圖保護主人不受短吻鱷攻擊而身亡〉《CBS 新聞》，2016 年 6 月 24 日， https://www.cbsnews.com/news/service-dog-killed-trying-to-protect-owner-fromalligator-in-florida.

205 賈斯．迪科塞的鬥牛犬：娜迪亞．蒙哈里布，〈英勇狗狗在卡加里居家入侵攻擊中護主身亡〉《艾德蒙頓太陽報》2013 年 4 月 10 日，https://edmontonsun.com/2013/04/10/hero-dogkilled-defending-calgary-owner-during-violent-home-invasion/wcm/14a76ff4-9e1e-4ad8-9bd8-fb91a2245385.

206「我養了一隻野蠻而且討厭所有陌生人的狗」：查爾斯．達爾文《人類的後裔及與性相關的揀擇，第一冊》初版（倫敦：約翰．墨瑞，1871 年），45 頁。

208「遺傳學不會讓」：約翰．保羅．史考特，〈調查性行為：朝向一個社會性的科學〉《研究動物行為：創始者的自傳》D. A. 杜斯伯里編纂，389–429（芝加哥：芝加哥大學出版社，1985 年），416 頁。

• Chapter7 狗狗們值得更好的待遇 Dogs Deserve Better

217「我們不再推薦」：於原版中強調。新精舍修士團，《如何成為你狗狗的最好朋友：狗主人經典訓練手冊》（波士頓：小布朗出版社，2002 年）。

218 我們看到動物們被強制配戴「滑索」：我並不是說滑索不具合法目的。

219 即使某些社交性動物：C. 派克爾、A. E. 普西，及 L. E. 埃伯里，〈非洲雌獅之平等主義研究〉《科學 293》，no. 5530（2001 年）：690–93 頁。

220 我們要意識到的關鍵事實：L. D. 梅奇，〈狼群內的阿爾法地位、支配及勞動分派〉《加拿大動物學期刊 77》，no. 8（1999 年 11 月 1 日）：1196–203 頁。

221 但是，當支配犬：F. 蘭傑、C. 里特爾，及 Z. 維羅尼，〈測試迷思：容忍的狗狗與進擊的狼群〉《皇家學會會議論文集：B. 生物科學》282 頁（2015 年）：20150220。

226「把你的擁抱留給」：S. 科倫，〈調查數據告訴你「別再擁抱狗了！」〉《今日心理學：犬隻角落》2016 年，https://www.psychologytoday.com/blog/canine-corner/201604/the-data-says-dont-hug-the-dog.

226 在瑞典，法律要求：瑞典養犬俱樂部，〈市內狗主人們：在都會環境中飼育狗狗須知〉瑞典養犬俱樂部，2013 年，https://www.skk.se/globalassets/ dokument/att-aga-hund/kampanjer/skall-inte-pa-hunden-2013/dog- owners-in-the-city_hi20.pdf.

228 它們已經成為獸醫與動物行為專家報告中最為常見的行為問題：D. 馮羅伊等，〈澳大利亞獵犬之分離相關行為致險因素研究〉《應用動物行為科學 209》（2018 年 12 月 1 日）：71–77 頁。C. V. 斯佩恩、J. M. 史嘉雷特，及 K. A. 霍普特，〈狗狗們早期施行生殖腺切除術的長程風險與益處〉《美國獸醫藥學學會期刊 224》no. 3（2004 年 2 月）：380–87 頁。

229 但這仍留下約一百萬隻狗：這些數據欠缺精確性本身就是一個問題。在美國沒有人記錄有多少處收容所，更遑論在這些設施中收容了多少動物，因此估計值具有很大的誤差範圍。關於這些問題的出色開放取用文章可參考 A. 羅文及 T. 卡塔爾，〈美國犬隻數量及犬收容所趨勢研究〉《動物：開放取用期刊 8》no. 5（2018 頁）：1–20 頁。

231「鑑於在義大利」：S. 卡法扎等，〈收容所狗狗們福利之行為與生理指數：零安樂死政策實施十五年後重新檢視義大利自由放養狗狗現況之省思〉《生理學與行為 133》（2014 年 6 月 4 日）：223–29 頁。

232 而我也見過噩夢般：P. D. 榭費勒等，〈狗窩噪音對狗狗聽力影響之研究〉《美國獸醫研究期刊 73》，no. 4（2012 年）：482–89 頁。

233 當她在我指導下攻讀博士學位時：莎夏正式名字為亞麗山卓（Alexandra）。

234 收養機率最高的狗：A. 普拉托帕拉娃等，〈狗窩內行為可預測收容所內狗狗停留所內時間〉《公共科學圖書館期刊 9》，no. 12（2014 年 12 月 31 日）：e114319。

237 傳奇性的鈴聲源於對原始俄語誤譯的事實：任何對巴夫洛夫的真實行為及其背後原因感興趣的人都應該閱讀丹尼爾 P. 托迪斯，《伊凡．巴夫洛夫：一個科學的俄式人生》（英國牛津：牛津大學出版社，2014 年）。

238 在麗莎與我共同進行的研究中：L. M. 岡特、R. T. 巴柏，及 C.D.L. 韋恩，〈犬隻認同危機：收容所內狗狗基因遺傳測試研究〉《公共科學圖書館期刊 13》no. 8（2018 年 8 月 23 日）：e0202633。

239 誠如布朗文．迪奇所解釋的：B. 迪奇，《比特犬：美國偶像之戰》（紐約：經典出版社，2017 年）。

241 在這新體制下沒有失敗者：L. M. 岡特、R. T. 巴柏，及 C. D. L. 韋恩，〈名稱裡有什麼？犬隻品種觀念與標籤對比特犬種狗狗之吸引力、領養與收容時間之效益研究〉《公共科學圖書館期刊 11》，no. 3（2016 年 3 月 23 日）：e0146857。

244 甚至⋯薩路基獵犬：H. G. 派克爾等，〈基因分析揭露現代犬隻品種發展之地理源起、遷徙與雜交之影響〉《細胞報告 19》，no. 4（2017 年）：697– 708 頁。B. M. 方荷特等，〈全基因組單核苷酸多態性與同種抗原雜交後之整組遺傳分析揭露狗狗馴化的潛層豐富歷史〉《自然 464》no. 7290（2010 年）：898–902 頁。

245 在此之前：D. J. 布魯爾、T. 克拉克，及 A. 菲利普斯，《古犬誌：自阿努比斯到冥府門犬——馴化犬隻的起源》（英國沃明斯特：阿里斯與菲利普斯，2001 年）。

247 這紀錄片節目繼而：純種狗悲歌，傑米瑪．哈里森執導，英國廣播公司電視台，2008 年 8 月。

247「如果犬隻繁殖者堅持」：貝弗莉．庫迪，〈BBC 純種犬育種紀錄片爭議：BBC 純種狗悲歌引發共鳴〉《犬吠雜誌 56》（2009 年 9 月），https://the bark.com/content/controversy-over-bbcs-purebred-dog-breeding- documentary.

247 英國廣播公司的紀錄片：派崔克．貝特森，〈犬隻育種獨立調查〉（英國劍橋，2010 年），https://www.ourdogs. co.uk/special/final-dog-inquiry-120110.pdf.

247 英國一萬多隻：F.C.F. 考伯利等，〈由純種犬隻之譜系分析對數量結構與近親繁殖之調查〉《基因學 179》no.1（2008 年 5 月 1 日）：593–601 頁。

248 就尿酸問題的基因而言：迪妮絲．鮑威爾，〈克服二十世紀對跨種繁殖的態度〉《低尿酸大麥町犬世界》（2016 年），https://luadalmatians-world.com/enus/dalmatian-articles/ crossbreeding. L. L. 法瑞爾等，〈純種犬隻健康挑戰：擊敗遺傳疾病之不同取向〉《犬隻基因與流行病學 2》no. 3（2015 年 2 月 11 日）。

249 沒有人能夠：芭蕾莉．艾略特，〈來源不純正的菲歐娜與克魯夫茨狗展上的一個引議點：「不純正」大麥町犬於菁英純種狗秀上激怒傳統份子〉《每日郵報》，2011 年 3 月 6 日 https://www.dailymail.co.uk/news/article-1363354/Fiona-mongrel- spot-bother-Crufts-Impure-dalmatian-angers-traditionalists-elite- pedigree-dog-show.html.

250 如果你以美國為主要：美國政府，《動物福利法》（華盛頓特區：美國政府出版辦公室，2015 年），https://www.nal. usda.gov/awic/animal-welfare-act.

251 例如，記者羅莉．克萊斯：羅莉．克萊斯，《櫥窗裡的小狗：一隻狗狗如何帶著我從寵物店到工廠農莊去發掘小狗狗們真正從何而來的真相》（伊利諾州瑞柏維爾市：根源圖書，2018 年）。

• 結論 Conclusion

258 絕大多數的狗：保險資訊研究所，〈全國狗狗咬傷索賠增加 2.2%：加州、佛州與賓州居全美索賠件數之冠〉（紐約：保險資訊研究所，2018 年），https://www.iii.org/press- release/dog-bite-claims-nationwide-increased-22-percent-california-floridaand-pennsylvania-lead-nation-in-number-of-claims-040518.

258 人際間的暴力行為：應認知的是，這是對總成本的估計值，而不只是保險支出。H. R. 華特斯等，〈人際間暴力行為支出──國際性審核〉《健康政策 73》，no. 3（2005 年 9 月 8 日）：303–15 頁。

258 因此每年造成的死亡人數少於四十：網路事故傷害統計數據查詢及報告系統主要死亡原因報告，1981–2017 年，美國事故傷害防制中心，疾病管制中心，2019 年，https://webappa.cdc.gov/sasweb/ncipc/leadcause.html.

Dog Is Love：Why and How Your Dog Loves You

狗狗的愛

讓動物科學家告訴你，你的狗有多愛你

作者　克萊夫 D. L. 韋恩（Clive D. L. Wynne）
譯者　陳姿君
編輯　黃匀薔
校對　黃匀薔、陳姿君、簡語謙
美術設計　劉庭安

發行人　程顯灝
總編輯　呂增娣
主編　徐詩淵
編輯　吳雅芳、黃匀薔、簡語謙
美術主編　劉錦堂
美術編輯　吳靖玟、劉庭安
行銷總監　呂增慧
資深行銷　吳孟蓉
行銷企劃　羅詠馨

發行部　侯莉莉
財務部　許麗娟、陳美齡
印務　許丁財
出版者　四塊玉文創有限公司

總代理　三友圖書有限公司
地址　一〇六台北市安和路二段二一三號四樓
電話　(02) 2377-4155
傳真　(02) 2377-4355
E-mail　service@sanyau.com.tw
郵政劃撥　05844889 三友圖書有限公司

總經銷　大和書報圖書股份有限公司
地址　新北市新莊區五工五路二號
電話　(02) 8990-2588
傳真　(02) 2299-7900

製版印刷　卡樂彩色製版印刷有限公司

初版　二〇二〇年四月
定價　新台幣三八〇元
ISBN　978-986-5510-10-7（平裝）

http://www.ju-zi.com.tw
三友圖書
友直 友諒 友多聞

國家圖書館出版品預行編目(CIP)資料

狗狗的愛：讓動物科學家告訴你，你的狗有多愛你 / Clive D.L.Wynne作；陳姿君譯. -- 初版. -- 臺北市：四塊玉文創, 2020.04
面； 公分

譯自：Dog is love：why and how your dog loves you
ISBN 978-986-5510-10-7(平裝)

1.犬 2.寵物飼養 3.動物心理學

437.354　　109002800

Published by arrangement with Aevitas Creative Management, through The Grayhawk Agency.

地址：　　　縣/市　　　　鄉/鎮/市/區　　　　路/街

段　　巷　　弄　　號　　樓

廣　告　回　函
台北郵局登記證
台北廣字第2780 號

SANYAU

三友圖書有限公司 收

SANYAU PUBLISHING CO., LTD.

106　台北市安和路2段213號4樓

SANYAU

三友圖書
讀書俱樂部

「填妥本回函，寄回本社」，
即可免費獲得好好刊。

\ 粉絲招募歡迎加入 /

臉書／痞客邦搜尋

「四塊玉文創／橘子文化／食為天文創

三友圖書——微胖男女編輯社」

加入將優先得到出版社提供的相關

優惠、新書活動等好康訊息。

四塊玉文創×橘子文化×食為天文創×旗林文化

http://www.ju-zi.com.tw

https://www.facebook.com/comehomelife

親愛的讀者：

感謝您購買《狗狗的愛：讓動物科學家告訴你，你的狗有多愛你》一書，為感謝您對本書的支持與愛護，只要填妥本回函，並寄回本社，即可成為三友圖書會員，將定期提供新書資訊及各種優惠給您。

姓名＿＿＿＿＿＿＿＿ 出生年月日＿＿＿＿＿＿＿＿

電話＿＿＿＿＿＿＿＿ E-mail＿＿＿＿＿＿＿＿

通訊地址＿＿＿＿＿＿＿＿

臉書帳號＿＿＿＿＿＿＿＿

部落格名稱＿＿＿＿＿＿＿＿

1 年齡
□18歲以下 □19歲～25歲 □26歲～35歲 □36歲～45歲 □46歲～55歲
□56歲～65歲 □66歲～75歲 □76歲～85歲 □86歲以上

2 職業
□軍公教 □工 □商 □自由業 □服務業 □農林漁牧業 □家管 □學生
□其他＿＿＿＿＿＿＿＿

3 您從何處購得本書？
□博客來 □金石堂網書 □讀冊 □誠品網書 □其他＿＿＿＿＿＿＿＿
□實體書店＿＿＿＿＿＿＿＿

4 您從何處得知本書？
□博客來 □金石堂網書 □讀冊 □誠品網書 □其他＿＿＿＿＿＿＿＿
□實體書店＿＿＿＿＿＿＿＿ □FB（四塊玉文創／橘子文化／食為天文創 三友圖書——微胖男女編輯社）
□好好刊（雙月刊） □朋友推薦 □廣播媒體

5 您購買本書的因素有哪些？（可複選）
□作者 □內容 □圖片 □版面編排 □其他＿＿＿＿＿＿＿＿

6 您覺得本書的封面設計如何？
□非常滿意 □滿意 □普通 □很差 □其他＿＿＿＿＿＿＿＿

7 非常感謝您購買此書，您還對哪些主題有興趣？（可複選）
□中西食譜 □點心烘焙 □飲品類 □旅遊 □養生保健 □瘦身美妝 □手作 □寵物
□商業理財 □心靈療癒 □小說 □其他＿＿＿＿＿＿＿＿

8 您每個月的購書預算為多少金額？
□1,000元以下 □1,001～2,000元 □2,001～3,000元 □3,001～4,000元
□4,001～5,000元 □5,001元以上

9 若出版的書籍搭配贈品活動，您比較喜歡哪一類型的贈品？（可選2種）
□食品調味類 □鍋具類 □家電用品類 □書籍類 □生活用品類 □DIY手作類
□交通票券類 □展演活動票券類 □其他＿＿＿＿＿＿＿＿

10 您認為本書尚需改進之處？以及對我們的意見？

＿＿＿＿＿＿＿＿

感謝您的填寫，

您寶貴的建議是我們進步的動力！

【黏貼處】對折後寄回，謝謝。